I LOVE CUBE

方形烘焙

立方体甜点与面包

（日）荻田尚子 著 | 邢俊杰 译

辽宁科学技术出版社
·沈 阳·

立方体造型的甜点与面包从方形模型中诞生。

除了可以使用重复清洗的金属模型之外，

手边的报纸（烘焙纸）、铝箔纸及牛奶纸盒也都能够利用。

金属模型的尺寸为 6cm × 6cm，

报纸（烘焙纸）及铝箔纸的尺寸范围则不受拘束，

能够依照不同的甜点做相应调整。

不过如果要做面包，建议使用金属模型比较容易成功。

像骰子般饱满的甜点与面包。

有棱有角的模样更为特别。

从泡芙、费南雪等甜点，到肉桂卷、可颂面包、红豆面包等，

光是变成立方体就能令人感受到不同的魅力。

用来送礼也合适得宜，

收到的人一定会很开心。

目 录

SWEETS
立 方 体 造 型 甜 点

BREAD
立 方 体 造 型 面 包

■ 计算容量的单位为 1 大匙 =15mL、1 小匙 =5mL。
■ 鸡蛋取中等大小。
■ 皆使用盐奶油。
■ 本书使用的烤箱为电烤箱。
■ 微波炉的使用规格为 600W。若是使用 500W 的规格，需将时间调增 1.2 倍。根据不同机型，加热时间长短也不同，请依实际状况做调整。

[关于模型]

开始制作前要先了解模型特性，以下分别介绍 4 种模型，请挑选最合适的类型使用。

金属模型（6cm 方形）

使用附有盖子的市售产品，优点是清洗后可重复使用。甜点则可使用另外 3 种模型（报纸、铝箔纸、牛奶纸盒），但不可重复烘烤使用，而面包建议全都以金属模型做烘烤。

＊初次使用时，先以 170~180℃的烤箱加热 40 分钟，接着涂上一层油脂（色拉油等），再以 200℃加热 10 分钟之后使用。

＊若在金属模型内放入过多面团（面糊），有可能从缝隙中溢出，需等量分配。

烘焙纸的用法

1. 在模型和盖子内侧涂上奶油或起酥油。
2. 准备两张 6cm × 18cm 的烘焙纸，交叉贴合于模型内侧。
   ＊采用交叉方式是为了方便取出内容物。
3. 盖子内侧也贴上一张烘焙纸。

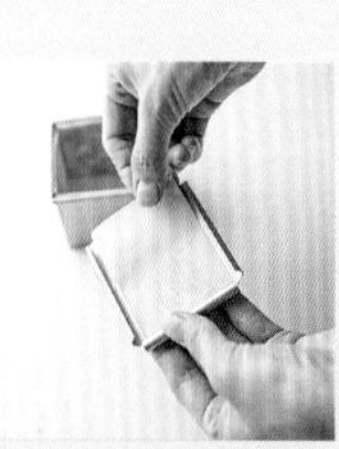

烘焙纸的剪裁法

☐ 6cm × 18cm 两张（用于模型底部和侧面）。

☐ 6cm × 7cm 一张（用于盖子）。

报纸模型（5cm 方形）

烘烤时不容易使蛋糕侧面着色，适合制作海绵蛋糕等需要呈现原始色泽的甜点。

＊用在抹茶蜂蜜蛋糕（P.28）。

模型的制作法

1. 将 4 张 25cm 方形的报纸重叠后，依照下图画出折线。
2. 剪去灰底的部分，再沿剪刀符号往内剪开。
3. 沿着虚线部分向外翻折，将相邻边夹入开口处后，组成立方体。4 个边都以订书机固定。

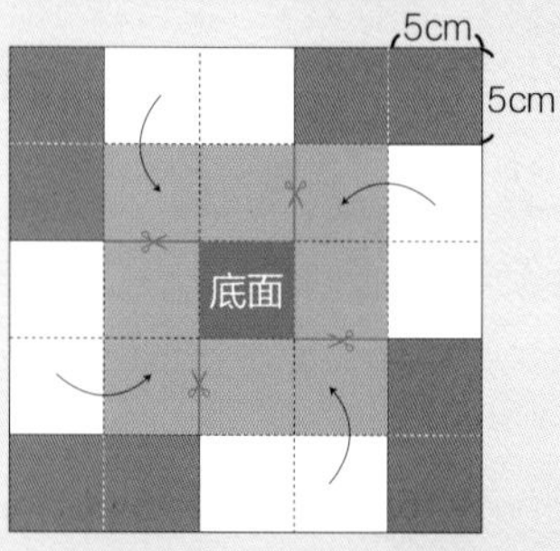

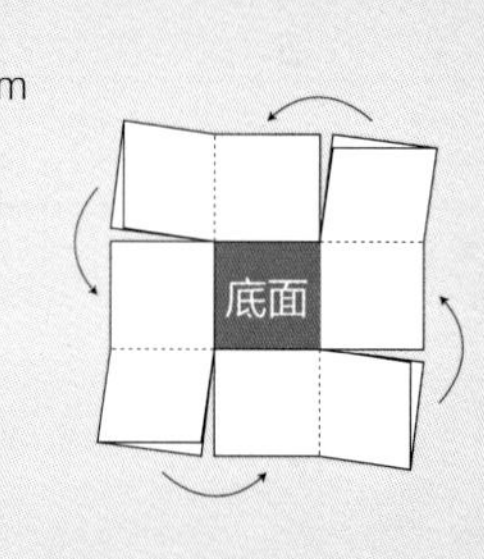

一个方格是 5cm × 5cm。剪去灰底的部分。淡蓝色的部分会相互重叠。

沿着箭头方向夹入相邻边后，组成立方体。

烘焙纸的剪裁法

☐ 5cm × 15cm 两张（用于模型底部和侧面）。

＊本书中所涉及的报纸模型并不完全适用于我国，建议可使用烘焙纸替代。

铝箔纸模型（6cm 方形）

适合不用盖盖子烘烤的甜点。本身材质较软，不适合烘烤饼干及挞派等较硬的面团。

*用在栗子玛芬（P.40）、马铃薯培根咸蛋糕（P.54）。

模型的制作法

1. 将 4 张 30cm 方形的铝箔纸重叠后，依照下图画出折线。
2. 沿着粗黑虚线部分——向外翻折。
3. 将 4 个角沿虚线部分向外翻折成三角形，4 个边都以订书机固定。

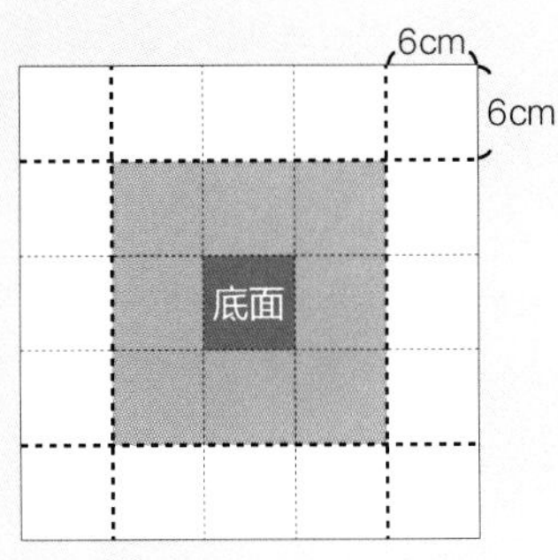

一个方格是 6cm×6cm。淡蓝色的部分会相互重叠。

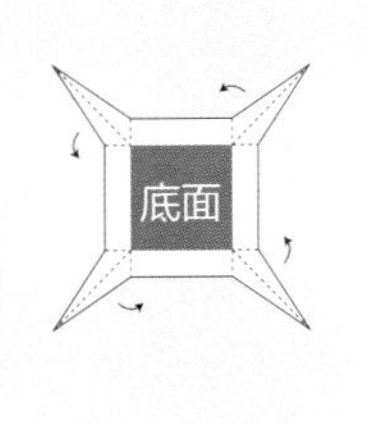

尖角的部分沿着箭头方向折，并以订书机固定。

烘焙纸的剪裁法

□ 6cm×20cm 两张（用于模型底部和侧面，需预留方便拿取的长度）。

牛奶纸盒模型（7cm 方形）

洗净并晒干后使用。冰镇后相对坚固，适合用蒸的方式制作的甜点，但不适合长时间烘烤，也避免直接放入焦糖等高温的内容物。仅限一次使用。

*用在生芝士蛋糕（P.31）、布丁蛋糕（P.50）、覆盆子慕斯蛋糕（P.51）。

模型的制作法

从盒底算起 7cm 高以上的部分全部剪去。

烘焙纸的剪裁法

□ 7cm×23cm 两张（用于模型底部和侧面，需预留出方便拿取的长度）。

*本书内的甜点皆在设定的温度之下自然烘烤，不会导致模型起火燃烧，但要小心避免烤箱的热源直接接触模型。请勿使用上述之外的模型做烘烤。

[关于工具]

无须准备特殊的工具，只要事先准备好基本工具就能顺利制作。

TOOLS
工具

A 手持电动搅拌器与打蛋器：用于混合面团（面糊）及奶油。利用自动搅拌器比较省力。

B 刮板：用于混合、刮取、切割面团（面糊）。

C 裱花嘴和裱花袋：用于奶油裱花。

D 刮刀：选用耐热材质。

E 温度计：用于制作焦糖酱的温度测量等。

F 刷子：用于涂抹奶油、果酱及全蛋液。也可选用硅胶材质。

G 万用筛网与茶叶筛：用于过筛粉类材料。茶叶筛通常在最后做装饰时使用。

H 电子秤、量杯和量匙：电子秤选择最小测量单位为 0.1g 的较为方便。量杯需要 200mL、量匙需要大匙（15mL）和小匙（5mL）。

I 料理板：用于搓揉面团。

J 擀面杖：用于擀开面团。在甜点制作过程中，除了用它擀平面团，也常用它来碾碎南瓜等材料。

K 抹刀：用于抹匀、涂抹奶油。

L 搅拌盆：建议使用导热性好的不锈钢材质。同时备有数个不同尺寸的搅拌盆更为方便。

M 冷却架：用于冷却刚烤好的甜点及面包。

[关于材料]

依照食谱备齐材料，并精确地计算分量。

A 低筋面粉：做甜点最常用的基本面粉。

B 裸麦面粉：呈现深褐色，通常用来制作面包。筋度很低，通常与高筋面粉等混合使用。

C 高筋面粉：筋度很高，黏合面团的特性很强，通常用来制作面包。

D 特高筋面粉：通常用来制作法国面包等质地较硬的面包。

E 干燥酵母：干燥后的酵母粉，发酵力强。

F 盐：使用天然盐，可以使甜味更好地散发、增加面团延展性。

G 蛋：选用中等大小的蛋（全蛋液 =50g、蛋黄 =20g、蛋白 =30g）。

H 细白砂糖：具有纯净的甜味，适合与各种食材融合。

I 二号砂糖（蔗糖）：具有甘蔗风味和矿物质成分的砂糖，天然的甜味是其特色。

J 糖粉：容易与食材混合、味道佳。通常用于和面、装饰甜点。

K 上白糖：容易溶解、不结块、可烤出比较湿润的成品。

L 黄油：皆使用无盐黄油。

M 起酥油：用于想呈现酥脆口感时，也会被用来取代奶油。

N 鲜奶：无添加的纯鲜奶。

O 液态鲜奶油：使用动物性鲜奶油。

INGREDIENTS
材料

立方体造型的魅力

最近，在蛋糕店及面包店经常看到立方体造型的甜点与面包。放眼望去，琳琅满目的甜点与面包，眼睛会不自觉地被这可爱的形状所吸引。

我和立方体造型甜点的第一次相遇，是几年前在某家面包店里看到的红豆面包。“咦！这是红豆面包？”一开始对意想不到的形状感到吃惊，后来渐渐爱上这个立方体造型的红豆面包。几个月前，我发现了另一家陈列许多立方体造型甜点的西点店，我的心又立刻被这个与以往所制作过的完全不同形状的甜点给虏获。“若能在家制作这么可爱的甜点一定很幸福”，事不宜迟，我立刻购入金属模型，开始挑战制作立方体造型甜点。

实际制作之后发现，海绵蛋糕及磅蛋糕因为需要盖上盖子烘烤，口感更为扎实绵密，拥有与以往所吃过的蛋糕与众不同的美味。

在烘烤立方体造型面包时，整个面包表面都被烤得恰到好处，喜欢面包边的人肯定爱不释手。在每天持续埋头试做立方体造型的甜点及面包，数日之后，终于完成了在家里也能简单制作、不失败的立方体造型甜点及面包了。另外也同时介绍可用报纸（烘焙纸）、铝箔纸和牛奶纸盒制作的甜点。希望大家能够好好享受只有立方体造型甜点才有的风味和乐趣。

荻田尚子

SWEETS

立方体造型甜点

无论是海绵蛋糕或泡芙，都能制作成立方体造型甜点。享有每一种豪华甜点都齐聚一堂的美好感受。利用报纸（烘焙纸）、铝箔纸、牛奶纸盒做烤模的立方体造型甜点也在此登场。以鲜奶油点缀、淋上巧克力……充满装饰乐趣的制作过程。

草莓蛋糕

在小小的立方体海绵蛋糕上淋上浓稠鲜奶油，再奢侈地摆上一颗鲜红草莓，提升了整体的质感。
特别适合当作生日蛋糕赠送。

材料　分量为 5 个 6cm 的方形模型

〈海绵蛋糕面糊〉

蛋 ……………… 2 个
细白砂糖 ……………… 60g
低筋面粉 ……………… 60g
黄油 ……………… 20g

〈鲜奶油〉

液态鲜奶油 ……………… 100mL
细白砂糖 ……………… 7g

〈最后装饰〉

柠檬汁 ……………… 少许
草莓果酱 ……………… 2 大匙
草莓 ……………… 5 颗

预先准备

☐ 蛋置于室温环境中。
☐ 低筋面粉过筛。
☐ 黄油隔水加热熔化。
☐ 将烘焙纸铺于模型内。
☐ 烤箱预热至 180℃。

做法

1 〈海绵蛋糕面糊〉将蛋放入搅拌盆内，用打蛋器打散，盆底隔水加热，同时加入细白砂糖拌匀，温度升至人体常温（用手指测试全蛋液温度）后结束隔水加热。用自动搅拌器打匀蛋糊，直到可写出“8”字形的浓稠度【照片 a】。

2 低筋面粉加入 1，用刮刀从底部往上均匀搅拌。拌匀后将黄油顺着刮刀倒入【照片 b】，继续均匀混合。

3 将面糊均分倒入模型内，整平表面后盖上盖子，置于烤盘上，以 180℃的烤箱烤约 25 分钟（用竹签戳入蛋糕体中心，若竹签抽出后没有沾上面糊就表示完成了）。

4 从烤箱中取出模型，连同烘焙纸抽出蛋糕置于冷却架上冷却。除去烘焙纸后，横向切成 3 等份，在夹层之间涂上用柠檬汁稀释后的草莓果酱再叠起。

5 〈鲜奶油〉将液态鲜奶油和细白砂糖放入搅拌盆，盆底隔水冰镇，同时用打蛋器打 7 分钟（直至打蛋器拿起时，奶油仍附着于打蛋器上），打好后均匀淋在 4 上方，并摆上 1 颗草莓做装饰。

a

b

CHOCOLATE SHORTCAKE

巧克力蛋糕 | ➡做法见P.16

WHITE SHORTCAKE

蛋白霜蛋糕 | ➡做法见P.17

巧克力蛋糕

在巧克力海绵蛋糕中夹入巧克力鲜奶油，
如果再撒上烘烤过的核桃颗粒更增添风味。
享受巧克力与松软海绵蛋糕的完美搭配。

材料　分量为 4 个 6cm 的方形模型

〈海绵蛋糕面糊〉

蛋 …………… 2 个
细白砂糖 …………… 60g
低筋面粉 …………… 50g
可可粉（无糖）…………… 10g
黄油 …………… 10g

〈巧克力鲜奶油〉

甜巧克力 …………… 50g
鲜奶 …………… 50mL
液态鲜奶油 …………… 100mL

〈最后装饰〉

可可粉 …………… 适量

预先准备

☐ 蛋置于室温环境中。
☐ 低筋面粉及可可粉一起过筛。
☐ 黄油隔水加热熔化。
☐ 将烘焙纸铺于模型内。
☐ 烤箱预热至 180℃。

做法

1 〈海绵蛋糕面糊〉将蛋放入搅拌盆内，用打蛋器打散，盆底隔水加热，同时加入细白砂糖拌匀，温度升至人体常温（用手指测试全蛋液温度）后结束隔水加热。用自动搅拌器打匀蛋糊，直到可写出“8”字形的浓稠度。

2 将低筋面粉及可可粉加入 1，用刮刀从底部往上均匀搅拌。拌匀后将黄油顺着刮刀倒入并继续均匀混合。

3 将面糊均分倒入模型内，整平表面后盖上盖子，置于烤盘上，以 180℃的烤箱烤约 20 分钟（用竹签戳入蛋糕体中心，若竹签抽出后没有沾上面糊就表示完成了）。从烤箱中取出模型，连同烘焙纸抽出蛋糕，置于冷却架上冷却。

4 〈巧克力鲜奶油〉将切碎的甜巧克力和鲜奶放入耐热容器，以微波炉加热 30 秒，搅拌使其冷却，再与液态鲜奶油一起放入搅拌盆，盆底隔水冰镇，同时用打蛋器打 7 分钟（直至打蛋器拿起时，奶油仍附着于打蛋器上）【照片 a】。

5 除去 3 的烘焙纸后，横向切成 3 等份，在夹层之间【照片 b】以及蛋糕体表面都涂上 4，最后用茶叶筛撒上可可粉做装饰。

蛋白霜蛋糕

白色蛋糕淋上白色奶油，切面也是白色。
充分打发的蛋白霜是首要秘诀。
奶油内加入一些含糖炼乳可增加甜味。

材料　分量为 2 个 6cm 的方形模型

〈海绵蛋糕面糊〉
蛋白 …………… 2 个蛋的分量（60g）
细白砂糖 …………… 30g
低筋面粉 …………… 30g
色拉油 …………… 1 小匙

〈鲜奶油〉
液态鲜奶油 …………… 100mL
含糖炼乳 …………… 2 大匙

〈最后装饰〉
银箔（或用镀银砂糖）…………… 适量

做法

1 〈海绵蛋糕面糊〉将蛋白放入搅拌盆内，分成两次加入细白砂糖的同时用自动搅拌器拌匀，制成蛋白霜（打至即使搅拌盆倒放，蛋白霜也不会掉落）【照片 a】。
2 加入低筋面粉，用刮刀拌匀，待粉类物完全融入面糊后，加入色拉油继续均匀混合。
3 将面糊均分倒入模型内，整平表面后盖上盖子，置于烤盘上，以 180℃的烤箱烤约 20 分钟。从烤箱中取出模型，连同烘焙纸抽出蛋糕，置于冷却架上冷却。
4 〈鲜奶油〉将液态鲜奶油和含糖炼乳放入搅拌盆，盆底隔水冰镇，同时用打蛋器打 7 分钟（打至打蛋器拿起时，奶油仍附着于打蛋器上）。
5 除去 3 的烘焙纸后，横向切成 3 等份，在夹层之间以及蛋糕体表面都涂上 4，最后以银箔做装饰。

预先准备

□ 低筋面粉过筛。
□ 将烘焙纸铺于模型内。
□ 烤箱预热至 180℃。

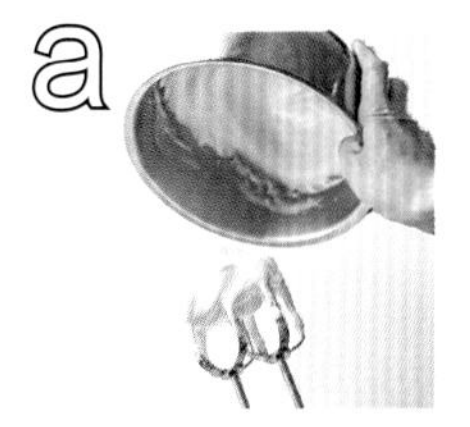

巧克力磅蛋糕

包裹着巧克力外衣的磅蛋糕，它们的搭配堪称一绝。
待巧克力凝固后享用。

材料　分量为 4 个 6cm 的方形模型

黄油 …………… 100g
上白糖 …………… 90g
蛋 …………… 2 个
低筋面粉 …………… 100g
泡打粉 …………… 1/2 小匙
已加工甜巧克力 …………… 100g

预先准备

□ 黄油置于室温环境中。
□ 蛋置于室温环境中并打散。
□ 低筋面粉及泡打粉一起过筛。
□ 将烘焙纸铺于模型内。
□ 烤箱预热至 180℃。

做法

1. 将黄油放入搅拌盆，用打蛋器（或手持电动搅拌器）打匀，打至蛋黄酱状后加入上白糖【照片 a】搅拌至白色。
2. 将全蛋液分 4~5 次，在持续搅拌的过程中加入。
3. 加入低筋面粉和泡打粉，用刮刀从底部往上均匀搅拌，拌匀后再重复 20 次，直到面糊均匀有光泽。
4. 将面糊均分倒入模型内，用汤匙压凹中心并整平边缘【照片 b】，盖上盖子，置于烤盘上，以 180℃的烤箱烤约 30 分钟。从烤箱中取出模型，连同烘焙纸抽出蛋糕，置于冷却架上冷却。
5. 将切碎的已加工甜巧克力放入搅拌盆并隔水加热。除去 4 的烘焙纸后，将巧克力液均匀淋在蛋糕体表面，置于冷却架上冷却。

a

b
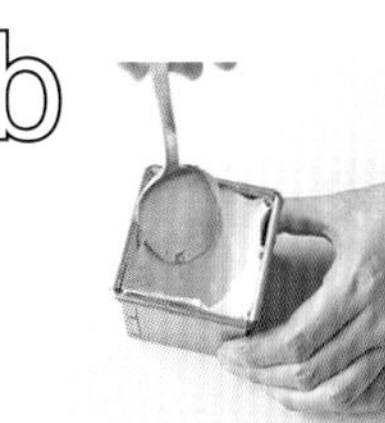

FRUIT POUND CAKE

水果磅蛋糕 | ➡做法见P.22

CARAMEL NUT POUND CAKE

焦糖坚果磅蛋糕 | ➡做法见P.23

水果磅蛋糕

扎实的蛋糕中塞满各式水果，
朗姆酒的香气引出成熟的美味。
特别适合当作伴手礼赠送。

材料　分量为 4 个 6cm 的方形模型

黄油 ··············· 100g
上白糖 ··············· 90g
蛋 ··············· 2 个
低筋面粉 ··············· 100g
泡打粉 ··············· 1/2 小匙
水果干和朗姆酒渍坚果（参考右图）
··············· 100g

预先准备

☐ 黄油置于室温环境中。
☐ 蛋置于室温环境中并打散。
☐ 低筋面粉及泡打粉一起过筛。
☐ 将烘焙纸铺于模型内。
☐ 烤箱预热至 180℃。

做法

1. 将黄油放入搅拌盆内，用打蛋器（或手持电动搅拌器）打匀，打至蛋黄酱状后加入上白糖搅拌至白色。
2. 将全蛋液分 4~5 次，在持续搅拌的过程中加入。
3. 加入低筋面粉和泡打粉，用刮刀从底部往上均匀搅拌【照片 a】，拌匀后加入水果干和朗姆酒渍坚果，再重复 20 次，直到面糊均匀有光泽。
4. 将面糊均分倒入模型内，用汤匙压凹中心并整平边缘，盖上盖子，置于烤盘上，以 180℃的烤箱烤约 30 分钟。从烤箱中取出模型，连同烘焙纸抽出蛋糕，置于冷却架上冷却。

水果干和朗姆酒渍坚果的做法
（完成品约 350g）

取 200g 的水果干［葡萄干、蔓越莓干、杏桃干、无花果干、李子干（又称加州梅）］全部切成葡萄干大小。经过油炸制成的水果干先以热水烫过后沥干水分。取坚果 100g（杏仁、核桃等），也全部切成葡萄干大小，用预热至 150℃的烤箱烤 10 分钟。将全部材料放入保存容器内，放约 8 分满后倒入约 200mL 的朗姆酒，保存于阴凉处并不时翻搅。经过 1 周后即可食用，保存期限约半年。

焦糖坚果磅蛋糕

充满浓郁焦糖酱与坚果香气，
溶于口中让人上瘾的美味，
令人爱不释手的奢华款磅蛋糕。

材料　分量为 4 个 6cm 的方形模型

黄油 …………… 100g
上白糖 …………… 80g
蛋 …………… 2 个
焦糖酱（参考右图）…………… 全部
低筋面粉 …………… 100g
泡打粉 …………… 1/2 小匙
核桃 …………… 20g

预先准备

☐ 黄油置于室温环境中。
☐ 蛋置于室温环境中并打散。
☐ 低筋面粉及泡打粉一起过筛。
☐ 核桃切碎并以烤箱烤约 10 分钟。
☐ 将烘焙纸铺于模型内。
☐ 烤箱预热至 180℃。

做法

1. 将黄油放入搅拌盆内，用打蛋器（或手持电动搅拌器）打匀，打至蛋黄酱状后加入上白糖搅拌至白色。
2. 将全蛋液分 4~5 次，在持续搅拌的过程中加入。
3. 加入 2 大匙焦糖酱【照片 a】拌匀。
4. 加入低筋面粉和泡打粉，用刮刀从底部往上均匀搅拌，拌匀后再重复 20 次，直到面糊均匀有光泽。
5. 将面糊均分倒入模型内，用汤匙压凹中心并整平边缘，盖上盖子，置于烤盘上，以 180℃ 的烤箱烤约 30 分钟。从烤箱中取出模型，连同烘焙纸抽出蛋糕，置于冷却架上冷却。
6. 在残留一些焦糖酱的锅内放入核桃并加热，以温度计测量加热至 115℃。除去 5 的烘焙纸后，淋上焦糖酱，置于室温环境中冷却。

焦糖酱的做法

将液态鲜奶油放入耐热容器，以微波炉加热 30 秒。以中火熬煮 100g 的细白砂糖，直到砂糖转变为焦糖色，先暂时关闭火源并加入液态鲜奶油（这时要注意液体飞溅！）【照片 b】。再次开火，用刮刀拌匀至完全溶解后关火，待其冷却。

a

b

万圣节蛋糕

富含南瓜营养的蛋糕，
二号砂糖带出纯净的甘甜风味。
加上万圣节装饰更添气氛。

材料　分量为 4 个 6cm 的方形模型

南瓜 ……………… 120g（净重）
鲜奶 ……………… 50mL
黄油 ……………… 60g
二号砂糖 ……………… 80g
蛋 ……………… 1 个
低筋面粉 ……………… 120g
泡打粉 ……………… 1/2 小匙
万圣节装饰品（市售 / 巧克力）
……………… 适量

预先准备

- □ 去皮去子的南瓜 120g。
- □ 鲜奶置于室温环境中。
- □ 黄油置于室温环境中。
- □ 蛋置于室温环境中并分开蛋黄及蛋白。
- □ 低筋面粉及泡打粉一起过筛。
- □ 将烘焙纸铺于模型内。
- □ 烤箱预热至 180℃。

做法

1. 将南瓜切成小块，用保鲜膜包裹放入微波炉加热 2 分钟。加热后用擀面杖捣碎【照片 a】放入搅拌盆，接着加入鲜奶并以刮刀搅拌至泥状。
2. 将黄油放入搅拌盆内，用打蛋器打至蛋黄酱状，加入 2/3 分量的二号砂糖拌匀。待砂糖颗粒完全融入面糊后，放入蛋黄充分混合。
3. 将 1 放入 2 充分搅拌。
4. 将蛋白放入另一个搅拌盆内，用自动搅拌器打发，同时分成两次加入剩下的二号砂糖。
5. 在 3 放入一半的 4 后充分搅拌，再放入一半的低筋面粉和泡打粉，待粉类完全融入面糊后，再加入剩下的 4 以及剩下的低筋面粉和泡打粉，搅拌均匀。
6. 将面糊均分倒入模型内，用汤匙压凹中心并整平边缘【照片 b】，盖上盖子，置于烤盘上，以 180℃的烤箱烤约 35 分钟。从烤箱中取出模型，连同烘焙纸抽出蛋糕，置于冷却架上冷却。冷却后除去烘焙纸，摆上万圣节装饰品。

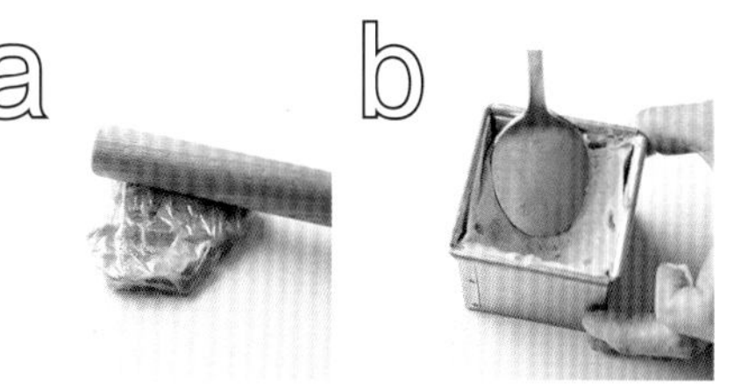

周末蛋糕

在柠檬蛋糕表面裹上柠檬糖霜，
放置一段时间仍能维持湿润口感，
周末时可以好好品尝。

材料　分量为 3 个 6cm 的方形模型

蛋 ··············· 2 个
细白砂糖 ··············· 100g
盐 ··············· 少许
优格 ··············· 50g（去除水分后 30g）
低筋面粉 ··············· 100g
泡打粉 ··············· 1/2 小匙
黄油 ··············· 40g
柠檬汁 ··············· 2 小匙
杏桃果酱 ··············· 60g

〈糖霜〉

水 ··············· 1/2 大匙
柠檬汁 ··············· 1/2 大匙
糖粉 ··············· 50g

预先准备

- □ 蛋置于室温环境中。
- □ 优格放入铺了厨房纸巾的茶叶筛中，放入冷藏室约 3 小时，去除水分【照片 a】。
- □ 低筋面粉及泡打粉一起过筛。
- □ 黄油隔水加热熔化。
- □ 将烘焙纸铺于模型内。
- □ 烤箱预热至 180℃。

a

做法

1. 将蛋打入搅拌盆里，加入细白砂糖和盐，用自动搅拌器搅拌至白色。
2. 将优格放入 1 内混合，加入低筋面粉和泡打粉，用硅胶刮刀拌匀。待粉类完全融入面糊，再将黄油和柠檬汁顺着硅胶刮刀倒入，继续均匀混合。
3. 将面糊均分倒入模型内，盖上盖子，置于烤盘上，以 180℃的烤箱烤约 35 分钟。从烤箱中取出模型，连同烘焙纸抽出蛋糕，置于冷却架上冷却。
4. 将杏桃果酱置于冷却架上待干。
5. 〈糖霜〉混合全部材料后，用汤匙拌匀溶解。烤箱预热至 220℃。
6. 待 4 的表面已凝固不粘手，以刷子蘸取 5 涂满整个表面，置于烤盘上，以 210℃的烤箱烤 2~3 分钟。

　＊最后的烘烤仅为了使蛋糕表面凝固，因此不需要烤太久。

抹茶蜂蜜蛋糕

使用报纸（烘焙纸）模型也能烤出好吃的蛋糕，
刚刚好的大小可以一人独占浓厚的抹茶风味。

材料　分量为 3 个 5cm 的方形模型
【报纸（烘焙纸）】

蛋 …………… 1 个
上白糖 …………… 30g
鲜奶 …………… 1 大匙
蜂蜜 …………… 10g
高筋面粉 …………… 25g
抹茶粉 …………… 5g
色拉油 …………… 1 大匙

预先准备

□ 铺上烘焙纸于模型内（参考 P.6）。
□ 分开蛋黄及蛋白。
□ 抹茶粉先过筛，再与高筋面粉过筛一次。
□ 将鲜奶和蜂蜜放入耐热容器，用微波炉加热 10 秒使蜂蜜熔化并充分混合。
□ 取 3 张报纸（烘焙纸），折起后铺在烤盘上【照片 a】。
□ 烤箱预热至 180℃。

做法

1 将蛋白放入搅拌盆内，分成 3 次加入上白糖的同时用自动搅拌器打匀，制成蛋白霜（打至即便搅拌盆倒放，蛋白霜也不会掉落）。
2 将蛋黄加入 1 用自动搅拌器搅拌（直至面糊变成黄色）【照片 b】，再一点儿一点儿加入鲜奶和蜂蜜拌匀。
3 加入抹茶粉和高筋面粉，用刮刀拌匀，加入色拉油搅拌直到面糊有光泽。
4 将面糊均分倒入模型内，放上铺有报纸（烘焙纸）的烤盘，以 180℃的烤箱烤约 20 分钟。
＊若在烘烤过程中表面过焦，就盖上铝箔纸。
5 从烤箱中取出模型，连同烘焙纸抽出蛋糕，置于冷却架上冷却，在料理板中铺上新的烘焙纸并将蛋糕倒放待冷却（为了使蛋糕上方平整）。

BAKED CHEESECAKE

烤芝士蛋糕 | ➡做法见P.32

RARE CHEESECAKE

生芝士蛋糕 | ➡做法见P.33

烤芝士蛋糕

浓郁的芝士风味堪称一绝！
以饼干为底，放上奶油芝士进行烘烤。
烤时避免让热水沾到面糊。

材料　分量为 4 个 6cm 的方形模型

可可饼干 ··············· 50g
黄油 ··············· 20g
奶油芝士 ··············· 200g
酸奶油 ··············· 90g
细白砂糖 ··············· 80g
蛋 ··············· 1 个
鲜奶 ··············· 2 大匙
低筋面粉 ··············· 15g

预先准备

☐ 黄油隔水加热熔化。
☐ 奶油芝士置于室温环境中。
☐ 分开蛋黄及蛋白。
☐ 将烘焙纸铺于模型内。
☐ 烤箱预热至 170℃。

做法

1 将可可饼干放入厚塑胶袋，以擀面杖捣碎，再放入黄油并以搓揉塑胶袋的方式融合饼干及黄油。其后将饼干面团置于模型底部，并用擀面杖压平【照片 a】。

2 将奶油芝士放入搅拌盆内，用刮刀搅拌滑顺，再放入酸奶油和 2/3 的细白砂糖，用打蛋器拌匀。其后再依序加入蛋黄和鲜奶持续搅拌，同时加入低筋面粉。

3 将蛋白放入另一个搅拌盆内，分成两次加入剩下的细白砂糖，同时用自动搅拌器（或打蛋器）打发，制成滑顺的蛋白霜。

4 将 1/3 的 3 加入 2 混合，并倒入 3 的搅拌盆内，用刮刀拌匀。将面糊均分倒入模型内，整平表面。

5 在模型底部包上一层铝箔纸（避免热水渗入模型内），置于烤盘上。在烤盘内注入 2cm 高的热水【照片 b】，以 170℃的烤箱烤约 20 分钟。其后降温至 150℃再烤 10 分钟。从烤箱中取出模型，等待冷却。

a

b

生芝士蛋糕

柠檬的清爽滋味让味蕾余韵犹存，
在味觉和视觉上都能享受到清爽的芝士蛋糕。
无须开火，只要放冰箱冷藏就能完成。

材料　分量为 2 个 7cm 的方形模型
（牛奶纸盒）

饼干 …………… 80g
黄油 …………… 30g
柠檬切片 …………… 10 片
奶油芝士 …………… 200g
细白砂糖 …………… 70g
优格（原味）…………… 150g
液态鲜奶油 …………… 100mL
吉利丁粉 …………… 5g
柠檬汁 …………… 1 小匙

预先准备

□ 黄油隔水加热熔化。
□ 奶油芝士置于室温环境中。
□ 将吉利丁粉以 1 大匙的水（上述材料之外的分量）浸泡约 10 分钟，再隔水加热使其溶解。
□ 将烘焙纸铺于模型内（参考 P.7）。

做法

1 将饼干放入厚塑胶袋，以擀面杖捣碎，再放入黄油并以搓揉塑胶袋的方式【照片 a】融合饼干及黄油。其后将饼干面团置于模型底部，并用擀面杖压平【照片 b】。接着在 5 个表面贴上柠檬切片后放入冷藏室冷藏。

2 将奶油芝士放入搅拌盆内，用刮刀搅拌滑顺，再放入细白砂糖，用打蛋器搅拌溶解。其后将优格分两次加入并持续搅拌。

3 将液态鲜奶油放入另一个搅拌盆内，盆底隔水冰镇，同时用打蛋器打 8 分钟（直至打蛋器拿起时，奶油不会轻易滑落的状态）。

4 取 1 大匙的 2 加入吉利丁液混合，倒入 2 后快速搅拌。加入 1/2 的 3 ，用打蛋器绕圈搅拌，再加入剩下的 3 大幅度搅拌，最后再加入柠檬汁持续搅拌。

5 将 1 从冷藏室取出倒入 4 ，整平表面后放上柠檬切片，再放入冷藏室约 3 小时，待其冷却凝固。

a

b

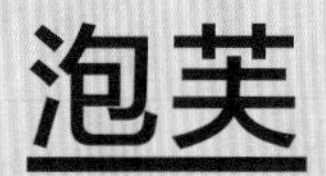

泡芙

有别于一般泡芙的造型令人耳目一新。
外皮酥脆、内含满满的卡仕达酱，
让人一口接一口的神奇美味。

材料　分量为 3 个 6cm 的方形模型

〈泡芙面糊〉

蛋 …………… 1 个
黄油 …………… 20g
水 …………… 25mL
鲜奶 …………… 25mL
盐 …………… 1 小撮
低筋面粉 …………… 30g

〈卡仕达酱〉

鲜奶 …………… 200mL
蛋黄 …………… 2 个蛋的分量
细白砂糖 …………… 40g
低筋面粉 …………… 20g

预先准备

- □ 蛋置于室温环境中并打散。
- □ 黄油切成 1cm 大小的块状。
- □ 低筋面粉过筛。
- □ 用刷子涂抹黄油（上述材料之外的分量）于模型内。
- □ 烤箱预热至 200℃。

做法

1. 〈泡芙面糊〉在小锅内放入黄油、水、鲜奶和盐以中火加热，沸腾后【照片 a】先关火。放入低筋面粉，用刮刀搅拌至粉类物完全融合。
2. 再以中小火加热并同时用刮刀搅拌，直到锅底产生一层膜但不能烧焦，再移至搅拌盆。
3. 放入 1/3 的全蛋液搅拌，待面糊成团后，再将剩下的全蛋液一点儿一点儿加入混合，直到面糊滑顺到轻易从刮刀上滴落。
   ＊依据 2 的加热情况，有可能不需要加完全部的蛋液。
4. 用裱花嘴为 1cm 的裱花袋挤入 40g 的面糊至每个模型内（此时面糊仍温热）。
5. 盖上盖子，置于烤盘上，以 200℃ 的烤箱烤约 35 分钟。烤好后立刻从模型中取出冷却。
   ＊若烘烤时间不足，容易在取出模型时塌陷，而且无法恢复形状，因此宁愿多烤 5 分钟。
6. 制作〈卡仕达酱〉（参考右侧做法）。
7. 在 5 的底部（烘烤时的上方）用筷子戳洞，将裱花袋内的卡仕达酱挤入洞内，将泡芙翻到正面后透过茶叶筛撒上糖粉（上述材料之外）。

卡仕达酱的做法

1. 将鲜奶放入锅中以中火加热，直到鲜奶咕噜咕噜冒泡（沸腾前）关火。
2. 将蛋黄放入搅拌盆内，用打蛋器打散，加入细白砂糖溶解且变白后加入低筋面粉，同样搅拌至粉类物完全溶解。
3. 将 1/3 的 1 加入 2 绕圈搅拌，再放入剩下的 1 混合。
4. 在锅上架好万用筛网并过滤 3，其后用中小火加热，并以硅胶刮刀彻底且不断搅拌。
5. 待锅底开始咕噜咕噜冒泡，再稍稍加热并搅拌 1 分钟，有光泽且滑顺的卡仕达酱就制作完成了。
6. 将卡仕达酱从锅中倒入浅盘，用保鲜膜包裹后放上保冷剂，盘底也用冰水冰镇。
   ＊美味的秘诀就在急速冷却。
7. 冷却后用刮刀再搅拌至滑顺的状态。

法式巧克力蛋糕

口感湿润且浓郁，
无论常温、冷藏、温热都好吃。
情人节时最想做也最推荐的巧克力蛋糕。

材料　分量为 2 个 6cm 的方形模型

黄油 …………… 60g
细白砂糖 …………… 45g
蛋 …………… 1 个
已加工甜巧克力 …………… 80g
液态鲜奶油 …………… 2 大匙
低筋面粉 …………… 35g
杏仁 …………… 30g

预先准备

□ 黄油及液态鲜奶油置于室温环境中。
□ 蛋置于室温环境中并打散。
□ 将甜巧克力切碎并隔水加热熔化。
□ 低筋面粉过筛。
□ 将切碎的杏仁用 150℃的烤箱烘烤 10 分钟后放冷。
□ 将烘焙纸铺于模型内。
□ 烤箱预热至 170℃。

做法

1 将黄油放入搅拌盆内，用打蛋器打至蛋黄酱状后，加入细白砂糖拌匀，搅拌至白色后再一点儿一点儿加入全蛋液均匀混合。

2 巧克力隔水加热后，加入液态鲜奶油搅拌至常温状态。

＊冰凉的液态鲜奶油会使巧克力固化，这时只要再次隔水加热搅拌，使其升至常温即可。

3 将 2 加入 1 混合，放入低筋面粉和杏仁，用刮刀快速搅拌。

＊要小心，若 2 的温度过高会使 1 的奶油熔化。

4 将面糊均分倒入模型内，用汤匙压凹中心并整平边缘，盖上盖子，置于烤盘上，以 170℃的烤箱烤约 40 分钟。从烤箱中取出模型，连同烘焙纸抽出蛋糕，置于冷却架上冷却。

包装小技巧

单个小包装

用防水及防油性强的蜡纸一个一个做包装，再用英文字母或动物图案的贴纸封口。可以利用贴纸的图样提升时尚度。另外也可以用标示出甜点和面包名称的贴纸，令人一目了然。最后系上细绳更方便携带。

翻转苹果挞

原本该摆在挞皮上的苹果，
却变成挞皮朝上再倒翻过来；
利用市售冷冻挞皮制作更为方便。

材料　分量为 2 个 6cm 的方形模型
（不用盖子）

〈焦糖苹果内馅〉
苹果 …………… 2 个（600g）
细白砂糖 …………… 100g

〈挞皮〉
冷冻挞皮 …………… 6cm 方形 2 片
黄油（模型用）…………… 10g

预先准备

□ 将黄油涂抹于模型内，剩下的黄油剥成小块放在模型底部【照片 a】，摆入冷藏室冷藏。
□ 烤箱预热至 200℃。

做法

1 〈焦糖苹果内馅〉将苹果去皮、去核儿后纵切成 12 块。
2 将细白砂糖放入导热性好的锅内，以中火加热。变成焦糖色后先关火，放入 1【照片 b】再开火（要小心，此时焦糖会飞溅出来）。刚开始可以用苹果汁稀释焦糖，过程中以中火加热，不断搅拌直至水分收干。最后倒入浅盘待冷却。
3 将 2 均分倒入模型内，置于烤盘上，以 200℃的烤箱烤约 20 分钟。从烤箱中取出模型后置于冷却架上冷却，再摆入冷藏室至少 2 小时。
4 〈挞皮〉用叉子在冷冻挞皮上大量戳洞，置于烤盘上，以 200℃的烤箱烤 12~13 分钟，待挞皮呈现焦黄色后，从烤箱中取出，置于冷却架上冷却。
＊烘烤过程中，若挞皮过度膨胀，可用锅铲等器具压一下。
5 将 3 从冷藏室中取出，并将 4 放在上方，一起倒翻过来后取下模型。
＊若模型不好取下，就以小火稍微烤一下模型底部。

a

b

CHESTNUT MUFFIN

栗子玛芬 | ➡做法见P.42

FINANCIER

费南雪 | ➡做法见P.43

栗子玛芬

栗子风味在口中淡淡散开，
顶端奶酥凹凸不平的口感是玛芬蛋糕的特色。
推荐与奶茶一起享用。

材料　分量为 4 个 6cm 的方形模型

（铝箔纸 / 不用盖子）

〈奶酥〉

黄油 …………… 10g
上白糖 …………… 10g
低筋面粉 …………… 10g
杏仁粉 …………… 10g

〈玛芬面糊〉

黄油 …………… 60g
盐 …………… 少许
上白糖 …………… 80g
蛋 …………… 1 个
鲜奶 …………… 50mL
低筋面粉 …………… 120g
泡打粉 …………… 1/2 大匙
糖渍栗子（参考右方）…………… 100g

＊若没有新鲜栗子也可用市售甜栗子 50g 取代。

预先准备

- □ 将面糊用的黄油置于室温环境中，奶酥用的奶油置于冷藏室。
- □ 蛋置于室温环境中并打散。
- □ 低筋面粉及泡打粉一起过筛。
- □ 将烘焙纸铺于模型内（参考 P.7）。
- □ 烤箱预热至 180℃。

做法

1. 〈奶酥〉将材料放入搅拌盆内，以指尖压碎黄油并与粉类物混合【照片 a】，全部变成颗粒状后即完成，放入冷藏室备用。
2. 〈玛芬面糊〉将黄油和盐放入搅拌盆内，用打蛋器搅拌至奶油状，加入上白糖并以画圆方式拌匀【照片 b】。
3. 搅拌至上白糖的颗粒感消失，且面糊变白、滑顺后，将全蛋液分成 2~3 次加入，继续不断搅拌混合。
4. 加入 1/2 的鲜奶后用打蛋器拌匀，再加入 1/2 低筋面粉和泡打粉，用刮刀快速搅拌。其后再放入剩下的鲜奶搅拌，继续放入剩下的粉类及糖渍栗子均匀混合（只要拌入即可）。
5. 将 3 均分倒入模型内，撒上 1，置于烤盘上，以 180℃的烤箱烤 25~30 分钟（用竹签戳入蛋糕体中心，若竹签抽出后没有粘上面糊就表示完成了）。
6. 从烤箱中取出模型，连同烘焙纸抽出蛋糕，置于冷却架上冷却。

糖渍栗子的做法

（完成品约 250g）

取 12~13 颗栗子（净重 200g）蒸 20 分钟后剖半，再用汤匙挖出栗子果肉。将上白糖 50g 及鲜奶 50mL 放入锅中，以中火加热的同时捣碎栗子直至水分收干，完成后再移至浅盘中待冷却。

费南雪

立方体造型的费南雪分量充足，
杏仁的香气是其特色，
可以层层叠叠的造型更加方便携带。

材料　分量为 3 个 6cm 的方形模型

- 蛋 …………… 1 个
- 蛋黄 …………… 1 个蛋的分量
- 杏仁粉 …………… 40g
- 细白砂糖 …………… 50g
- 蛋白 …………… 1 个蛋的分量
- 低筋面粉 …………… 30g
- 黄油 …………… 30g + 20g
- 杏仁片 …………… 适量

预先准备

- □ 蛋及蛋黄置于室温环境中并打散。
- □ 低筋面粉过筛。
- □ 黄油（两份）分别隔水加热熔化。
- □ 将烘焙纸铺于模型内（为了到时候方便拿取），并在模型内侧和盖子涂抹奶油（上述材料之外的分量），接着贴上杏仁片【照片 a】后放入冷藏室备用。
- □ 烤箱预热至 180℃。

做法

1. 将全蛋液、蛋黄、杏仁粉、2/3 的细白砂糖放入搅拌盆内，用打蛋器打至变白。
2. 将蛋白放入另一个搅拌盆内，分两次加入剩下的细白砂糖，并以电动搅拌器打发成蛋白霜（即使将搅拌盆倒过来，蛋白霜也不会掉落）。
3. 将一半的 2 放入 1 用刮刀混合，加入低筋面粉搅拌至粉类完全融合，再加入剩下的 2 均匀搅拌。将 30g 黄油顺着刮刀倒入，并继续搅拌。
4. 将面糊均分倒入模型内，盖上贴有杏仁片的盖子，放入 180℃的烤箱烤约 30 分钟，直到表面略带焦色。烤好后从烤箱中取出，连同烘焙纸抽出蛋糕，去除烘焙纸后置于冷却架上冷却。趁热时用刷子蘸取 20g 黄油涂抹于表面【照片 b】。

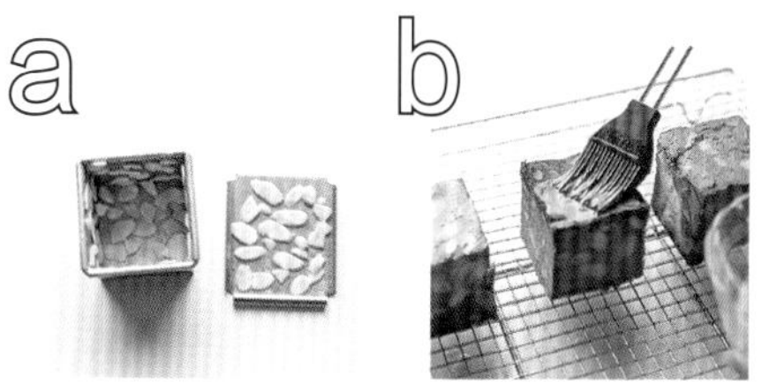

a　b

水果挞

放满水果的挞皮与卡仕达酱互相结合，
配色及风味都别具一格。

材料　分量为 2 个 6cm 的方形模型
（不用盖子）

〈挞皮面团〉
黄油 …………… 50g
细白砂糖 …………… 40g
蛋黄 …………… 1 个蛋的分量
低筋面粉 …………… 100g

〈卡仕达酱〉
鲜奶 …………… 100mL
蛋黄 …………… 1 个蛋的分量
细白砂糖 …………… 20g
低筋面粉 …………… 10g

草莓、猕猴桃、香蕉、柑橘、葡萄、
薄荷 …………… 各适量

预先准备

- □ 黄油置于室温环境中。
- □ 低筋面粉分别过筛。
- □ 制作〈卡仕达酱〉（参考 P.35）。
- □ 将烘焙纸铺于模型内。
- □ 烤箱预热至 170℃。

做法

1. 〈挞皮面团〉将黄油放入搅拌盆内，用刮刀搅拌软化，加入细白砂糖继续搅拌。完全混合后再加入蛋黄及低筋面粉搅拌混合。用保鲜膜包裹后，以擀面杖擀平至 7~8mm 的厚度【照片 a】，放置冷藏室中让面团静置 1 小时。
2. 将 1 从冷藏室中取出，切分成 2 块 6cm 方形、4 块 2.5cm × 6cm 长方形、4 块 2.5cm × 4.5cm 长方形的面团【照片 b】。
   ＊若面团硬度不足，可再放至冷藏室静置 30 分钟。
3. 将 2 铺于模型内，以手指挤压融合接缝处。内侧铺上铝箔纸并压上重物，置于烤盘上，放入 170℃的烤箱烤 20 分钟。除去铝箔纸和重物后，再继续烤 15 分钟，直到表面呈现黄褐色。烤好后从烤箱中取出，连同烘焙纸抽出蛋糕，去除烘焙纸后置于冷却架上冷却。
   ＊重物为食品专用，也可用黄豆或红豆代替。
4. 将水果切成容易入口的大小。
5. 将卡仕达酱装入裱花嘴为直径 1cm 的裱花袋里，挤入 3 内并以 4 及薄荷做装饰。

a

b

脆饼蛋糕

盛行于纽约的甜点，啃咬装有鲜奶的饼干杯。
用巧克力包裹内层，使鲜奶不会渗出，
这就是纽约客的风格。

材料　分量为 2 个 6cm 的方形模型
（不用盖子）

- A 低筋面粉 ……………… 80g
- A 全麦面粉 ……………… 50g
- A 二号砂糖 ……………… 75g
- A 盐 ……………… 少许
- 黄油 ……………… 80g
- 蛋黄 ……………… 1 个蛋的分量
- 水 ……………… 1 小匙
- 巧克力片 ……………… 20g
- 已加工甜巧克力 ……………… 100g
- 鲜奶 ……………… 适量

预先准备

- □ 黄油切成 1cm 块状置于冷藏室备用。
- □ 将烘焙纸铺于模型内。
- □ 烤箱预热至 180℃。

做法

1. 将 A 全部过筛放入搅拌盆内，加入黄油用双手搓揉至颗粒分明【照片 a】。
2. 加入蛋黄和水混合，用刮板拌切【照片 b】，完全混合后加入巧克力片搅拌，接着用保鲜膜包裹后，以擀面杖擀平至 6~7mm 的厚度，放置冷藏室让面团静置 1 小时。
3. 从冷藏室中取出，切分成 2 块 6cm 方形、4 块 5.5cm × 6cm 长方形、4 块 5.5cm × 4.5cm 长方形的面团。
   ＊若面团硬度不足，可再放置冷藏室静置 30 分钟。
4. 将 3 铺于模型内，以手指挤压融合接缝处，用刀切去超出模型范围的面团，连同模型一起放置冷藏室静置约 30 分钟。
5. 从冷藏室中取出，内侧铺上铝箔纸并压上重物，置于烤盘上，放入 180℃ 的烤箱烤 30 分钟。除去铝箔纸和重物后，再继续烤 15 分钟。烤好后从烤箱中取出，置于冷却架上冷却。待冷却后连同烘焙纸抽出模型。
   ＊重物为食品专用，也可用黄豆或红豆代替。
6. 将甜巧克力碎片放入搅拌盆内，隔水加热后倒入 5 ，完全覆盖于内侧后，倒放于冷却架上，待巧克力凝固。
7. 品尝之前再倒入鲜奶。

巴斯克蛋糕

来自于法国巴斯克地区的甜点也能做成立方体造型；
蛋糕顶端的图案除了树叶之外，
格子状和波浪状也相当时尚。

材料　分量为 2 个 6cm 的方形模型
（不用盖子）

黄油 ··············· 85g
细白砂糖 ··············· 80g
盐 ··············· 少许
蛋 ··············· 1 个
低筋面粉 ··············· 150g
朗姆酒 ··············· 1 小匙

〈卡仕达酱〉
鲜奶 ··············· 100mL
蛋黄 ··············· 1 个蛋的分量
细白砂糖 ··············· 30g
低筋面粉 ··············· 10g
朗姆酒 ··············· 1/2 小匙

预先准备

- □ 黄油置于室温环境中。
- □ 低筋面粉分别过筛。
- □ 将蛋打散并先取 1 小匙放置冷藏室备用。
- □ 制作〈卡仕达酱〉（参考 P.35）。
- □ 将烘焙纸铺于模型内。
- □ 烤箱预热至 170℃。

做法

1. 将黄油放入搅拌盆内，用刮刀搅拌软化，加入细白砂糖和盐继续搅拌。完全混合后分两次加入全蛋液搅拌，再放入低筋面粉及朗姆酒搅拌混合【照片 a】。
2. 用汤匙挖出 1 的面糊填入模型底部及侧面，厚度约 1cm【照片 b】。将剩余的面糊整合后用保鲜膜包裹，并以擀面杖擀平至 1cm 的厚度，放置冷藏室静置 30 分钟，再取出切分成 2 块 6cm 的方形，接着再以保鲜膜包裹置于冷藏室。
3. 制作〈卡仕达酱〉（参考 P.35），与朗姆酒搅拌混合。
4. 将 3 装进 2 里，将 2 备用的面糊摆至上方结合，用刷子蘸取备用全蛋液涂抹于表面，最后以水果刀刀尖雕饰花纹。
5. 将模型置于烤盘上，放入 170℃的烤箱烤约 50 分钟。烤好后从烤箱中取出，连同烘焙纸抽出蛋糕，去除烘焙纸后置于冷却架上冷却。

a

b
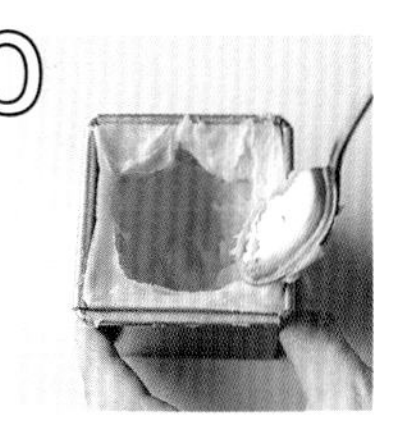

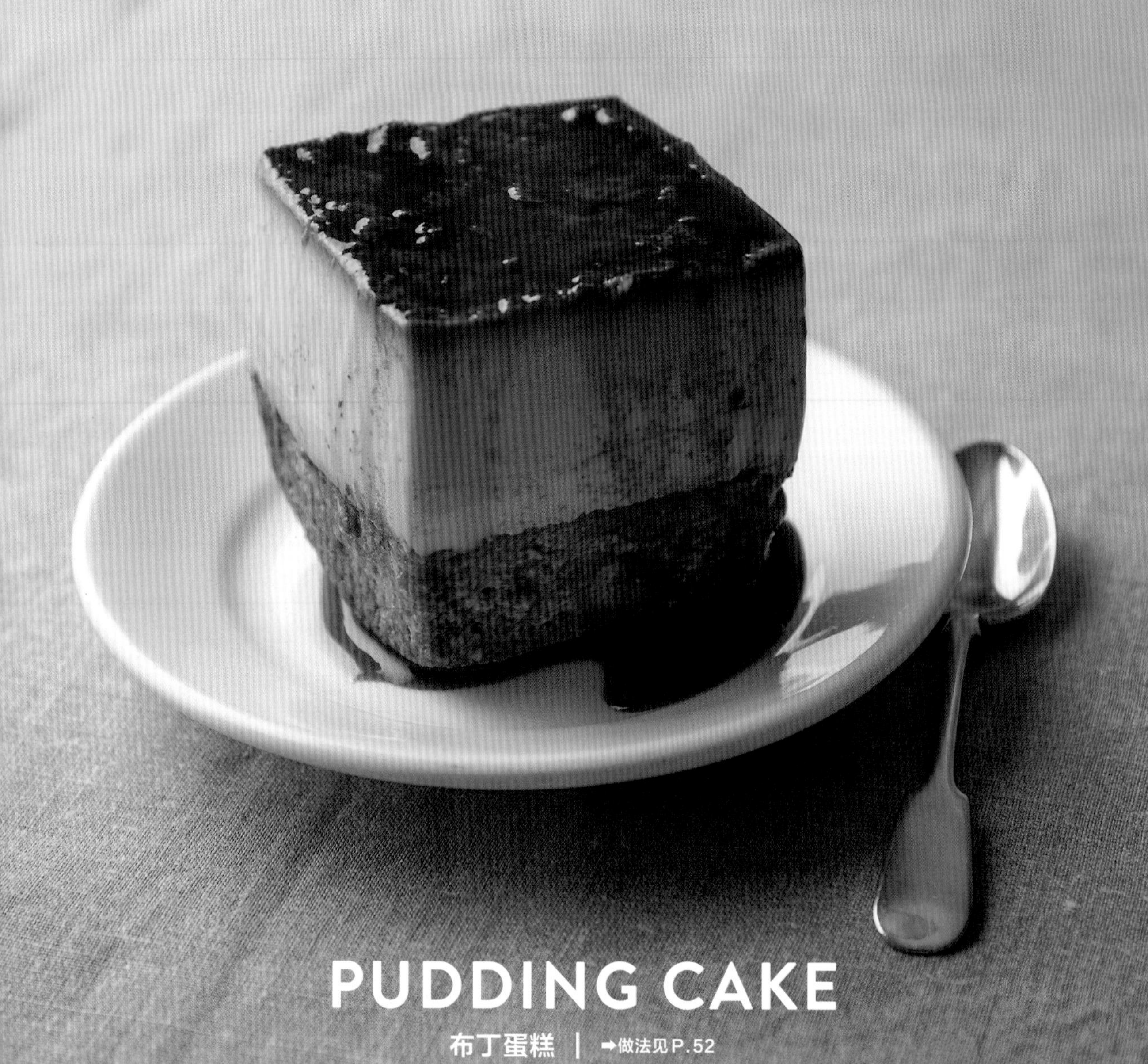

PUDDING CAKE

布丁蛋糕

➡做法见P.52

FRAMBOISE MOUSSE CAKE

覆盆子慕斯蛋糕 | ➡做法见P.53

布丁蛋糕

用牛奶纸盒制作的大尺寸布丁蛋糕。
只要布丁与蛋糕在蒸过后能完美分层就是成功。

材料　分量为 2 个 7cm 的方形模型（牛奶纸盒）

〈焦糖〉
水 ……………… 1 大匙
细白砂糖 ……………… 40g

〈布丁〉
鲜奶 ……………… 300mL
蛋 ……………… 3 个
细白砂糖 ……………… 60g

〈蛋糕面糊〉
蛋 ……………… 1 个
细白砂糖 ……………… 30g
低筋面粉 ……………… 30g
鲜奶 ……………… 2 小匙

预先准备

- ☐ 分开蛋糕面糊所用之蛋白及蛋黄。
- ☐ 将烘焙纸铺于牛奶纸盒底部（参考 P.7）。

做法

1. 〈焦糖〉将水及细白砂糖放入导热性佳的小锅里，熬煮的同时要一边摇动锅。呈现焦糖色后，直接分次倒在烘焙纸上，每次约 1 大匙的大小【照片 a】，置于室温环境中直到冷却变硬。
2. 〈布丁〉将鲜奶放入耐热容器以微波炉加热 1 分钟。将蛋打入搅拌盆内，加入细白砂糖以画圆方式搅拌，再放入温鲜奶搅拌混合并避免起泡。
3. 将等量的 1 放入模型里【照片 b】，用茶叶筛过筛 2 ，平均倒入模型里。
4. 〈蛋糕面糊〉将蛋白放入搅拌盆内，分两次加入细白砂糖，并以电动搅拌器打发成蛋白霜（打至即使将搅拌盆倒过来，蛋白霜也不会掉落）。加入蛋黄继续搅拌，再放入低筋面粉搅拌混合。完全混合后再加入鲜奶搅拌。
5. 将 4 均分倒入 3 内（这时蛋糕面糊会浮起），将表面整平。
6. 在锅内装 2cm 高的水并煮沸，铺上 2 张厨房纸巾后将 5 摆上。用布作为锅盖盖上，以弱中火至小火蒸 15~20 分钟（用竹签戳入蛋糕体中心，若竹签抽出后没有粘上面糊就表示完成了）。
7. 从锅中取出模型后，摆入冷藏室至少 2 小时。
8. 用手指按压边缘使空气进入模型与布丁之间，再以较薄的刀等工具，沿着缝隙分开模型与蛋糕并倒翻过来。

a

b

覆盆子慕斯蛋糕

请准备 3 个牛奶纸盒，
其中一个用来烤巧克力蛋糕并切成 2 片，
作为另外 2 个慕斯的底座。

FRAMBOISE MOUSSE CAKE

材料　分量为 2 个 7cm 的方形模型
（牛奶纸盒）

〈巧克力海绵蛋糕面糊〉
甜巧克力 …………… 25g
黄油 …………… 10g
细白砂糖 …………… 10g
蛋黄 …………… 1 个蛋的分量
水 …………… 1 小匙
低筋面粉 …………… 15g
泡打粉 …………… 1/4 小匙

〈慕斯〉
液态鲜奶油 …………… 50mL
蛋白 …………… 1 个蛋的分量
A 细白砂糖 …………… 40g
　水 …………… 1 大匙
覆盆子果泥 …………… 100mL
吉利丁粉 …………… 3g

〈最后装饰〉
柠檬汁 …………… 少许
覆盆子果酱 …………… 2 大匙

预先准备

- □ 低筋面粉及泡打粉一起过筛。
- □ 将吉利丁粉以 1 大匙的水（上述材料之外的分量）浸泡，再放置冷藏室 10 分钟冷却。
- □ 准备 3 个牛奶纸盒，其中 2 个铺上烘焙纸（参考 P.7）。
- □ 烤箱预热至 180℃。

做法

1. 〈巧克力海绵蛋糕面糊〉将甜巧克力碎块及黄油放入搅拌盆内，并隔水加热熔化。熔化后结束隔水加热，依序加入细白砂糖、蛋黄、水，用打蛋器以画圆方式搅拌。
2. 加入低筋面粉和泡打粉混合，倒入模型（没铺烘焙纸）里，置于烤盘上，放入以 180℃的烤箱烤约 10 分钟后取出，置于冷却架上冷却。冷却后从模型中取出并横切成 2 块，放入铺有烘焙纸的模型底部。
3. 〈慕斯〉将液态鲜奶油放入搅拌盆内，盆底隔水冰镇，同时用打蛋器打 8 分钟（直至打蛋器拿起时，奶油仍附着于打蛋器上），置于冷藏室备用。
4. 将蛋白放入另一个搅拌盆内打发。同时将 A 放入锅中加热。
5. 待锅内的 A 升温至 117℃，再一点儿一点儿加入装有蛋白的搅拌盆内继续搅拌，直到搅拌盆的温度降至常温就完成了（这个完成品就是意式蛋白霜）。
6. 将覆盆子果泥放入耐热容器内用微波炉加热 1 分钟，加入浸泡过的吉利丁粉搅拌，完全融合后再用冰水冰镇盆底并搅拌至浓稠状。
7. 从冷藏室中取出 3 ，加入 6 的果泥，用打蛋器搅拌，将 5 的意式蛋白霜分两次加入，快速搅拌混合。倒入 2 的模型整平表面，置于冷藏室至少 3 小时冷却凝固。接着连同烘焙纸抽出蛋糕。
8. 〈最后装饰〉将以柠檬汁稀释后的覆盆子果酱涂在 7 上面。

马铃薯培根咸蛋糕

又是蛋糕又是甜点的咸面包概念，
无论当下午茶或当早餐都适合。

材料　分量为 4 个 6cm 的方形模型
（铝箔纸 / 不用盖子）

马铃薯 …………… 1 个（净重 100g）
培根（薄片）…………… 3 片（60g）
蛋 …………… 1 个
橄榄油 …………… 2 大匙
鲜奶 …………… 80mL
盐 …………… 1/2 小匙
胡椒 …………… 少许
欧芹末 …………… 2 大匙
低筋面粉 …………… 120g
泡打粉 …………… 2 小匙
帕玛森芝士…………… 适量

预先准备

☐ 低筋面粉及泡打粉一起过筛。
☐ 将烘焙纸铺于模型内（参考 P.7）。
☐ 烤箱预热至 180℃。

做法

1. 马铃薯去皮切成细丝。培根切成 5mm 宽度。
2. 将全蛋液放入搅拌盆内，用打蛋器打散，一点儿一点儿加入橄榄油搅拌，再加入鲜奶、盐、胡椒搅拌混合。
3. 加入马铃薯、2/3 的培根及欧芹末，用刮刀搅拌，放入低筋面粉和泡打粉，继续搅拌混合。
4. 将面糊倒入模型内，撒上剩余的培根和帕玛森芝士。
5. 置于烤盘上，放入 180℃的烤箱烤 30 分钟（用竹签戳入蛋糕体中心，若竹签抽出后没有粘上黏稠的面糊就表示完成了）。烤好后从烤箱中取出，抽出模型并除去烘焙纸，置于冷却架上冷却。

＊趁热品尝也很美味。

包装小技巧

层叠组合装

将蛋糕一个接一个叠起放入透明塑胶袋，再用漂亮的细绳系上标签。可用英文图章在标签纸上留下信息。因为能清楚看见内容物，无论送礼收礼都皆大欢喜。尽量将已具有漂亮装饰的蛋糕分装，以免遮掩了它们的可爱外观。

BREAD

立方体造型面包

立方体造型的面包光看外表就很稀奇。表面烤得恰到好处，里面松松软软，能享受到一般面包没有的口感。刚出炉的面包当然美味，但也适合放置半天再享用，若是放得更久，记得用烤箱再加热一下。

WHITE BREAD

吐司 | ➡做法见P.58

吐司

外表酥脆，里面松软，美味的秘诀就在揉面的过程中。
整体表面都是被烤得恰到好处的“面包边儿”，可以满足享受。
接下来是基本面包的料理方式，请好好掌握。

材料　分量为 8 个 6cm 的方形模型

高筋面粉 ……………… 250g
上白糖 ……………… 10g
盐 ……………… 3g
干酵母 ……………… 3g
温水 ……………… 180mL
黄油 ……………… 15g

预先准备

- □ 黄油置于室温环境中。
- □ 准备温水。
  ＊夏天为 5~10℃，其他季节为 30~40℃。
- □ 将模型内及盖子都涂上起酥油（上述材料之外的分量）。

做法

1 揉面

将高筋面粉、上白糖、盐、干酵母放入搅拌盆内，淋上温水后搅拌。

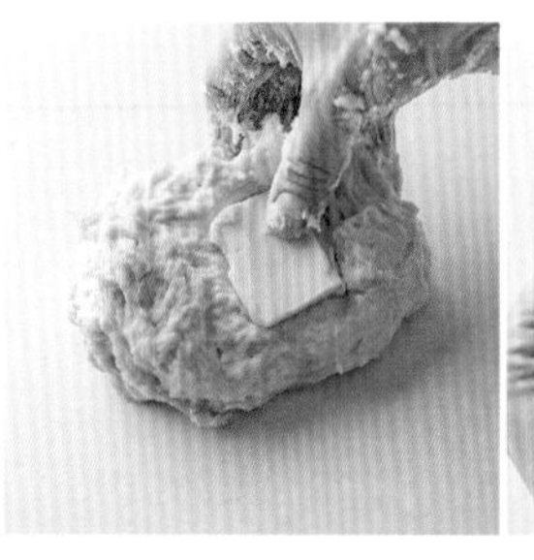

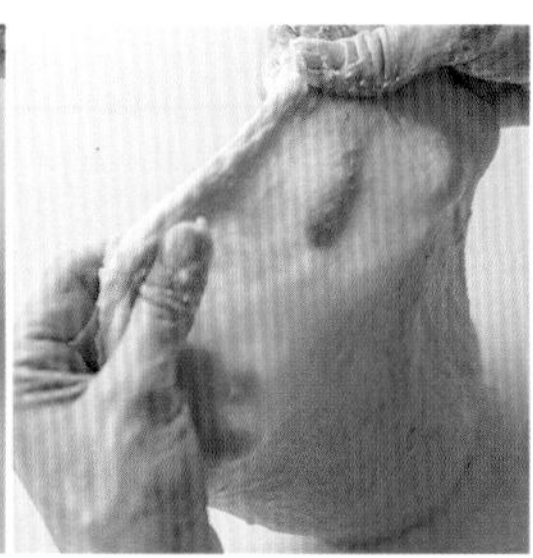

2

搅拌成团后移至料理板上搓揉，揉成团不粘黏后加入黄油，继续揉至面团延展后不易破损断裂为止。

3 一次发酵

将面团整圆，直到表面光滑紧绷。将面团开口处朝下放入搅拌盆内，包上保鲜膜置于温暖处，进行 60~90 分钟的一次发酵，等面团膨胀至原本的 2 倍大。

＊温暖处可以是炉火附近，或是利用烤箱的发酵功能，以 30~40℃发酵 30~50 分钟。

4 排出空气

用拳头轻压面团 3 下，用刮板（或刀）均分为 8 等份。

5 静置

分别整圆，将开口处朝下摆放在料理板上，并盖上湿毛巾，让面团静置 10~15 分钟。

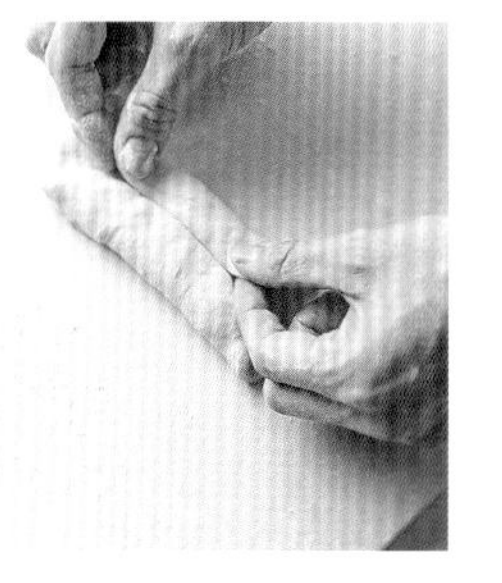

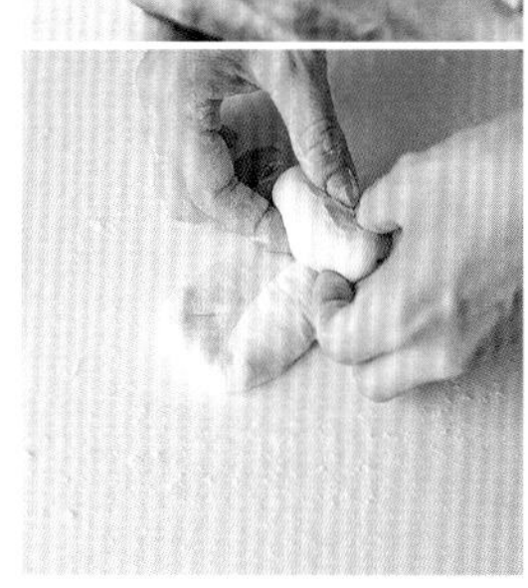

6 成型

将开口处朝上，用擀面杖以十字交错的方式轻压擀开，并从面团中心向上下左右擀成椭圆形，再从左右两边往中心折（要注意，折起后的面团不要在中心处重叠）。用手掌从面团上方轻压，调整面团厚度后由下往上卷起。

7

将卷起后的面团开口朝下放入模型里。其余的面团也以同样的方式分别放入模型。

8 二次发酵

将模型置于烤盘上，盖上保鲜膜和湿毛巾置于温暖处，进行 60~90 分钟的二次发酵。

＊若是利用烤箱的发酵功能，以 30~40℃发酵 20~30 分钟。

9 烘烤

待面团膨胀至模型的 80%~90% 大小后，盖上盖子，放入预热 200℃的烤箱烤 20 分钟。烤好后从模型中取出，置于冷却架上冷却。

RYE BREAD

裸麦面包

➡做法见P.62

WALNUT CURRANT BREAD

核桃黑加仑面包

➡做法见P.63

裸麦面包

用裸麦制作的面包放置半天后的口感，
会比刚烤出来的美味。
属于味道偏酸，但富含食物纤维的面包。

材料　分量为 8 个 6cm 的方形模型

高筋面粉 ··············· 250g
裸麦面粉 ··············· 50g
二号砂糖（或上白糖）··············· 15g
盐 ··············· 4g
干酵母 ··············· 4g
温水 ··············· 190mL
起酥油 ··············· 6g

预先准备

□ 准备温水。
＊夏天为 5~10℃，其他季节为 30~40℃。

□ 将模型内及盖子都涂上起酥油（上述材料之外的分量）。

做法

1 〈揉面〉将高筋面粉、裸麦面粉、二号砂糖、盐、干酵母放入搅拌盆内，淋上温水后搅拌。

2 搅拌成团后移至料理板上搓揉，揉成团不粘黏后加入起酥油，继续揉至面团延展后不易破损断裂为止【照片 a】。

3 〈一次发酵〉将面团整圆，直到表面光滑紧绷。将面团开口处朝下放入搅拌盆内，包上保鲜膜置于温暖处，进行 50~80 分钟的一次发酵，等面团膨胀至原来的 2 倍大。
＊温暖处可以是炉火附近，或是利用烤箱的发酵功能，以 30~40℃发酵 30~50 分钟。

4 〈排出空气 & 静置〉用拳头轻压面团 3 下，用刮板（或刀）均分为 8 等份。分别整圆后，将开口处朝下摆放在料理板上，并盖上湿毛巾，让面团静置 10~15 分钟。

5 〈成型〉将开口处朝上，用擀面杖以十字交错的方式轻压擀开，并从面团中心向上下左右擀成椭圆形，再从左右两边往中心折（要注意，折起后的面团不要在中心处重叠）。用手掌从面团上方轻压，整齐面团厚度后由下往上卷起。将卷起后的面团开口朝下放入模型里。其余的面团也以同样方式分别放入模型。

6 〈二次发酵〉将模型置于烤盘上，盖上保鲜膜和湿毛巾后置于温暖处，进行 60~90 分钟的二次发酵。
＊若是利用烤箱的发酵功能，以 30~40℃发酵 20~30 分钟。

7 〈烘烤〉待面团膨胀至模型的 80%~90% 大小后，盖上盖子，放入预热 200℃的烤箱烤 25~30 分钟。烤好后从模型中取出，置于冷却架上冷却。

做成三明治

将面包切成 4 片，涂上适量的奶油，夹入 3 片小黄瓜、1/2 个水煮蛋切片、半片火腿就完成了。

a

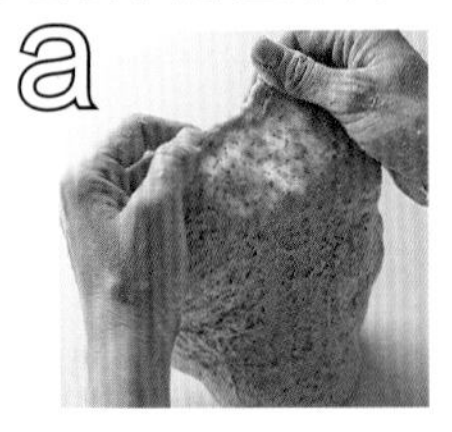

核桃黑加仑面包

核桃的香气及黑加仑的甘甜在口中越嚼越香，
美味得令人成瘾且有分量的面包。
出炉后放置半天正好是最好吃的时候。

材料　分量为 6 个 6cm 的方形模型

高筋面粉 …………… 250g
裸麦面粉 …………… 50g
二号砂糖（或上白糖）…………… 15g
盐 …………… 4g
干酵母 …………… 4g
温水 …………… 190mL
起酥油 …………… 6g
核桃 …………… 70g
黑朗姆酒渍黑加仑（参考下方）
…………… 140g

预先准备

☐ 核桃切碎备用。
☐ 准备温水。
*夏天为 5~10℃，其他季节为 30~40℃。
☐ 将模型内及盖子都涂上起酥油（上述材料之外的分量）。

做法

1 〈揉面〉将高筋面粉、裸麦面粉、二号砂糖、盐、干酵母放入搅拌盆内，淋上温水后搅拌。

2 搅拌成团后移至料理板上搓揉，揉成团不粘黏后加入起酥油，继续揉至面团延展后不易破损断裂为止。将核桃放入面团搓揉，混合后再放入黑加仑【照片 a】，继续搓揉直到均匀混合。

3 〈一次发酵〉将面团整圆，直到表面光滑紧绷。将面团开口处朝下放入搅拌盆内，包上保鲜膜置于温暖处，进行 50~80 分钟的一次发酵，等面团膨胀至原来的 1.5~2 倍大。
*温暖处可以是炉火附近，或是利用烤箱的发酵功能，以 30~40℃发酵 30~50 分钟。

4 〈排出空气 & 静置〉用拳头轻压面团 3 下，用刮板（或刀）均分为 6 等份。分别整圆后，将开口处朝下摆放在料理板上，并盖上湿毛巾，让面团静置 10~15 分钟。

5 〈成型 & 二次发酵〉将开口处朝上，用手掌轻压面团排出空气后再整圆。将面团开口朝下放入模型里，其余的面团也以同样方式分别放入模型。将模型置于烤盘上，盖上保鲜膜和湿毛巾后置于温暖处，进行 60~90 分钟的二次发酵。
*若是利用烤箱的发酵功能，以 30~40℃发酵 30~50 分钟。

6 〈烘烤〉待面团膨胀至模型的 90% 大小后，盖上盖子，放入预热 200℃的烤箱烤 25~30 分钟。烤好后从模型中取出，置于冷却架上冷却。

黑朗姆酒渍黑加仑的做法（方便制作的分量）

将 200g 黑加仑置于筛网并淋上热水（上述材料之外的分量），用纸毛巾吸干水分后装入保存容器里，放约 8 分满后倒入约 200mL 的黑朗姆酒，保存于常温并不时翻搅。经过 1 周后即可食用，拿取时记得不能碰到水分。在常温下的保存期限约 3 个月。

a

FRENCH BREAD

法式面包 | ➡做法见P.66

BACON ÉPI

培根麦穗面包 | ➡做法见P.67

法式面包

出炉后蘸奶油或橄榄油享用堪称绝品。
在室温环境中慢慢进行一次发酵，成型后轻轻排出空气，
好吃的秘诀就在于温柔地对待面团。

材料　分量为 8 个 6cm 的方形模型

特高筋面粉 …………… 300g
盐 …………… 6g
干酵母 …………… 3g
温水 …………… 210mL
手粉（特高筋面粉）…………… 适量

预先准备

□ 准备温水。
　*夏天为 5~10℃，其他季节为 30~40℃。
□ 将模型内及盖子都涂上起酥油（上述材料之外的分量）。

做法

1 〈揉面〉将特高筋面粉、盐、干酵母放入搅拌盆内，淋上温水后搅拌。搅拌成团后移至料理板上搓揉，继续揉至面团表面光滑为止。

2 〈一次发酵 & 排出空气〉将面团整圆【照片 a】，直到表面光滑紧绷。将面团开口处朝下放入搅拌盆内，包上保鲜膜置于室温（约 25℃）环境中进行 30 分钟的一次发酵。其后，将面团摆在撒有手粉的料理板上，并以折叠的方式排出空气。将面团放入搅拌盆内，再进行 60 分钟的发酵，等面团膨胀至原来的 2~2.5 倍大。

3 〈静置〉用刮板（或刀）均分为 8 等份。分别将面团由下往上折叠、旋转 90° 后再重复折叠动作，并将开口处朝下摆放在料理板上，盖上湿毛巾，让面团静置 15~20 分钟。

4 〈成型〉在料理板上撒些手粉，将开口处朝上，用手掌轻压面团排出空气，并由下往上卷成圆形。将面团开口朝下放入模型内，其余的面团也以同样方式分别放入模型。

5 〈二次发酵〉将模型置于烤盘上，盖上保鲜膜和湿毛巾后置于温暖处，进行 40~60 分钟的二次发酵。
　*温暖处可以是炉火附近，或是利用烤箱的发酵功能，以 30~40℃发酵 20~40 分钟。

6 〈烘烤〉待面团膨胀至模型的 90% 大小后，盖上盖子，放入从预热 250℃降至 230℃的烤箱烤 25~30 分钟。烤好后从模型中取出，置于冷却架上冷却。

a
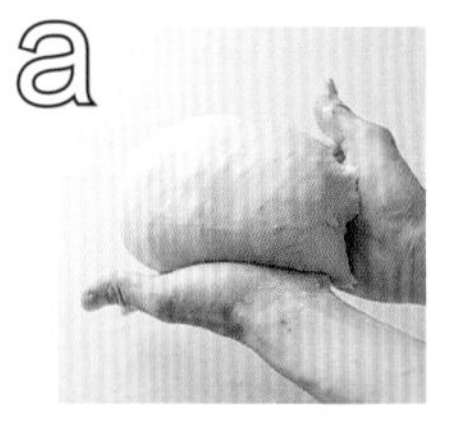

培根麦穗面包

原本是麦穗形状的面包现在变成了立方体造型。
要注意培根的水汽会导致面团呈现半生半熟状态。

材料　分量为 8 个 6cm 的方形模型

特高筋面粉 …………… 300g
盐 …………… 6g
干酵母 …………… 3g
温水 …………… 210mL
培根 …………… 6 片
粗粒黑胡椒 …………… 适量
手粉（特高筋面粉）…………… 适量

预先准备

□ 准备温水。
　＊夏天为 5~10℃，其他季节为 30~40℃。
□ 将模型内及盖子都涂上起酥油（上述材料之外的分量）。

做法

1 〈揉面〉将特高筋面粉、盐、干酵母放入搅拌盆内，淋上温水后搅拌。搅拌成团后移至料理板上搓揉，继续揉至面团表面光滑为止。

2 〈一次发酵 & 排出空气〉将面团整圆，直到表面光滑紧绷。将面团开口处朝下放入搅拌盆内，包上保鲜膜置于室温（约 25℃）环境中进行 30 分钟的一次发酵。其后，将面团摆在撒有手粉的料理板上，并以折叠的方式排出空气。将面团放回搅拌盆内，再进行 60 分钟的发酵，等面团膨胀至原来的 2~2.5 倍大。

3 〈静置〉将面团置于料理板上轻轻整圆，并盖上湿毛巾，让面团静置 10~15 分钟。

4 〈成型〉在料理板上撒些手粉，将开口处朝上，用擀面杖以十字交错的方式轻压擀开，并从面团中心向上下左右擀成 25cm × 30cm 的大小，铺上培根并撒上粗粒黑胡椒，由下往上慢慢卷起【照片 a】。用刮板（或刀）均分为 8 等份。将面团的切面朝上放入模型里（看得到卷起面），其余的面团也以同样方式分别放入模型。

5 〈二次发酵〉将模型置于烤盘上，盖上保鲜膜和湿毛巾后置于温暖处，进行 40~60 分钟的二次发酵。
＊温暖处可以是炉火附近，或是利用烤箱的发酵功能，以 30~40℃发酵 20~40 分钟。

6 〈烘烤〉待面团膨胀至模型的 90% 大小后，再次撒上粗粒黑胡椒，盖上盖子，放入从预热 250℃降至 230℃的烤箱烤 20~25 分钟。烤好后从模型中取出，置于冷却架上冷却。

a

BRIOCHE

布里欧面包 | ➡做法见P.70

CINNAMON ROLL

肉桂卷 | ➡做法见P.71

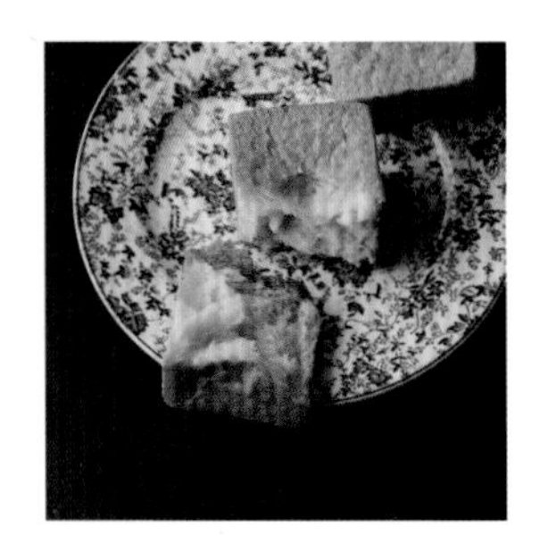

布里欧面包

富含蛋黄及奶油的奢华美味。
最常见的是顶端像是要飞蹦出来的形状，现在变成了立方体造型，
这款面包的膨胀度较佳，二次发酵时要留意控制在 80% 即可。

材料　分量为 8 个 6cm 的方形模型

高筋面粉 …………… 250g
上白糖 …………… 25g
蜂蜜 …………… 25g
蛋黄 …………… 40mL（约 2 个蛋的分量）
盐 …………… 3g
干酵母 …………… 3g
鲜奶 …………… 150mL
黄油 …………… 50g

预先准备

- □ 准备温鲜奶。
  ＊夏天为 5~10℃，其他季节为 30~40℃。
- □ 黄油置于室温环境中。
- □ 将模型内及盖子都涂上起酥油（上述材料之外的分量）。

做法

1 〈揉面〉将高筋面粉、上白糖、蜂蜜、蛋黄、盐、干酵母放入搅拌盆内（不能让酵母碰到任何水分），淋上温鲜奶【照片 a】后搅拌。搅拌成团后移至料理板上搓揉，揉成团不粘黏后加入黄油，继续揉至面团表面光滑为止。

2 〈一次发酵〉将面团整圆，直到表面光滑紧绷。将面团开口处朝下放入搅拌盆内，包上保鲜膜置于温暖处，进行 50~80 分钟的一次发酵，等面团膨胀至原来的 2 倍大。
＊温暖处可以是炉火附近，或是利用烤箱的发酵功能，以 30~40℃发酵 30~50 分钟。

3 〈排出空气 & 静置〉用拳头轻压面团 3 下，用刮板（或刀）均分为 8 等份。分别整圆后，将开口处朝下摆放在料理板上，并盖上湿毛巾，让面团静置 10~15 分钟。

4 〈成型 & 二次发酵〉将开口处朝上，用手掌轻压面团排出空气后再整圆。将面团开口朝下放入模型里，其余的面团也以同样方式分别放入模型。将模型置于烤盘上，盖上保鲜膜和湿毛巾后置于温暖处，进行 50~80 分钟的二次发酵。
＊若是利用烤箱的发酵功能，以 30~40℃发酵 20~30 分钟。

5 〈烘烤〉待面团膨胀至模型的 80% 大小后，盖上盖子，放入预热 200℃的烤箱烤 20~25 分钟。烤好后从模型中取出，置于冷却架上冷却。

肉桂卷

又像面包又像甜点的肉桂卷，在肉桂和甜甜糖霜的搭配下衍生出绝妙滋味，
烘烤时产生的香气，更让人沉浸在幸福气氛之中。

材料　分量为 8 个 6cm 的方形模型

高筋面粉 …………… 250g
上白糖 …………… 25g
蜂蜜 …………… 25g
蛋黄 …………… 40mL（约 2 个蛋的分量）
盐 …………… 3g
干酵母 …………… 3g
鲜奶 …………… 150mL
黄油 …………… 50g
肉桂粉 …………… 2 小匙
细白砂糖 …………… 1 大匙

〈糖霜〉
糖粉 …………… 50g
水 …………… 1/2 大匙

预先准备

□ 准备温鲜奶。
　＊夏天为 5~10℃，其他季节为 30~40℃。
□ 黄油置于室温环境中。
□ 将模型内及盖子都涂上起酥油（上述材料之外的分量）。

做法

1 〈揉面〉将高筋面粉、上白糖、蜂蜜、蛋黄、盐、干酵母放入搅拌盆内（不能让酵母碰到任何水分），淋上温鲜奶后搅拌。搅拌成团后移至料理板上搓揉，揉成团不粘黏后加入黄油，继续揉至面团表面光滑为止。

2 〈一次发酵〉将面团整圆，直到表面光滑紧绷。将面团开口处朝下放入搅拌盆内，包上保鲜膜置于温暖处，进行 50~80 分钟的一次发酵，等面团膨胀至原来的 2 倍大。
　＊温暖处可以是炉火附近，或是利用烤箱的发酵功能，以 30~40℃发酵 30~50 分钟。

3 〈排出空气 & 静置〉用拳头轻压面团 3 下，并将面团整圆。将开口处朝下摆放在料理板上，并盖上湿毛巾，让面团静置 10~15 分钟。

4 〈成型 & 二次发酵〉将开口处朝上，用擀面杖以十字交错的方式轻压擀开，并从面团中心向上下左右擀成 25cm × 30cm 的大小。在面团末端保留 3cm 撒上肉桂粉及细白砂糖【照片 a】，由下向上卷起。用刮板（或刀）均分为 8 等份。将面团的切面朝上放入模型里（看得到卷起面），其余的面团也以同样方式分别放入模型。将模型置于烤盘上，盖上保鲜膜和湿毛巾后置于温暖处，进行 60~90 分钟的二次发酵。
　＊若是利用烤箱的发酵功能，以 30~40℃发酵 20~30 分钟。

5 〈烘烤〉待面团膨胀至模型的 80% 大小后，盖上盖子，放入预热 200℃的烤箱烤 20~25 分钟。烤好后从模型中取出，置于冷却架上冷却。

6 〈糖霜〉糖粉过筛，加少许水用汤匙搅拌，直到汤匙拉起后呈现牵丝状，再淋到 5 上。

a
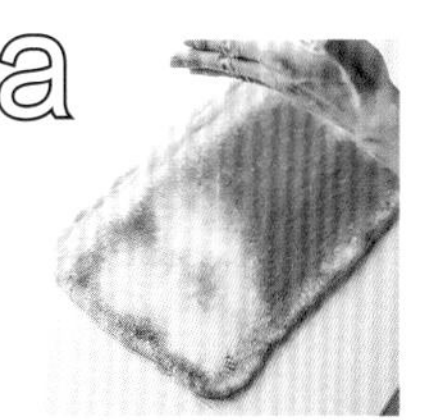

可颂面包

面团不要揉得太过细致，就能做出粗糙的口感。
若能让面团与奶油保持相同的软硬度，制作起来会更轻松；
延展面团的同时，也是让面团在冷藏室里静置的时候。

材料　分量为 8 个 6cm 的方形模型

特高筋面粉 ·············· 300g
上白糖 ··············· 20g
盐 ··············· 6g
干酵母 ··············· 3g
温水 ··············· 180mL
黄油 a ··············· 15g
黄油 b ··············· 150g
手粉（特高筋面粉）··············· 适量

预先准备

□ 准备温水。
＊夏天为 5~10℃，其他季节为 30~40℃。
□ 黄油 a 置于室温环境中。
□ 黄油 b 置于储藏室，并用保鲜膜包裹后用擀面杖拍打，要注意在不能融化的情况下整成 13cm 的方形，再放入冷藏室备用。
□ 将模型内及盖子都涂上起酥油（上述材料之外的分量）。

做法

1 〈揉面〉将特高筋面粉、上白糖、盐、干酵母放入搅拌盆内，淋上温水后搅拌。搅拌成团后移至料理板上搓揉，揉成团不粘黏后加入黄油 a，继续揉至面团表面光滑为止。

2 〈一次发酵〉将面团整圆，直到表面光滑紧绷。将面团开口处朝下放入搅拌盆内，包上保鲜膜置于温暖处，进行 60~90 分钟的一次发酵。
＊温暖处可以是炉火附近，或是利用烤箱的发酵功能，以 30~40℃发酵 30~50 分钟。

3 〈排出空气 & 静置〉等面团膨胀至原来的 2 倍大，用拳头轻压面团 3 下，并将面团整圆。将开口处朝下摆放在料理板上，并盖上湿毛巾，让面团静置 10~15 分钟。

4 〈成型〉将开口处朝上，用擀面杖以十字交错的方式轻压擀开，并从面团中心向上下左右擀成 20cm 方形大小。其后，将面团摆在撒有手粉的浅盘上，盖上湿毛巾后放置冷藏室约 10 分钟。

5 从冷藏室中取出 4 的面团及黄油 b，将黄油 b 放在面团上，从 4 个边向中心包起奶油，并将开口处封紧。

6 蘸一些手粉，用擀面杖擀匀面团及奶油，擀成 20cm × 45cm 大小。从长边开始折 3 折，用湿毛巾或保鲜膜包裹后放置冷藏室，让面团静置 15 分钟。这个步骤还要再做 2 次（总计 3 次），最后一次让面团在冷藏室里进行 30~40 分钟的发酵。
＊先将从冷藏室取出的面团整成长条状备用。

7 用撒有手粉的擀面杖再将面团擀成 20cm × 40cm 大小，用刮板（或刀）均分为 8 等份后分别卷起。将面团的卷起面朝下放入模型里，其余的面团也以同样方式分别放入模型。

8 〈二次发酵〉将模型置于烤盘上，盖上保鲜膜和湿毛巾后置于温暖处，进行 60~90 分钟的二次发酵。
＊若利用烤箱的发酵功能，以 30~40℃发酵 20~40 分钟。

9 〈烘烤〉待面团膨胀至模型的 80% 大小后，盖上盖子，放入预热 210℃的烤箱烤 25~30 分钟。烤好后从模型中取出，置于冷却架上冷却。
＊左页的照片是烤好后翻转 90° 的可颂面包，因此朝上的部分为侧面。

ANN BREAD

红豆面包 | ➡做法见P.76

CHECKERED BREAD

双色面包 | ➡做法见P.77

红豆面包

立方体造型的红豆面包光看就很特别！
比起常见的红豆面包有着更酥脆、更香的外皮；
若将内馅改为卡仕达酱（参考 P.35），就变成了奶油面包。

材料　分量为 8 个 6cm 的方形模型

高筋面粉 …………… 250g
上白糖 …………… 25g
盐 …………… 3g
干酵母 …………… 3g
温水 …………… 170mL
黄油 …………… 25g
红豆馅 …………… 320g
黑芝麻 …………… 适量

预先准备

☐ 红豆馅捏成每个 40g 的丸子状。
☐ 黄油置于室温环境中。
☐ 准备温水。
　＊夏天为 5~10℃，其他季节为 30~40℃。
☐ 将模型内及盖子都涂上起酥油（上述材料之外的分量）。

做法

1〈揉面〉将高筋面粉、上白糖、盐、干酵母放入搅拌盆内，淋上温水后搅拌。搅拌成团后移至料理板上搓揉，揉成团不粘黏后加入黄油，继续揉至面团表面光滑为止。

2〈一次发酵〉将面团整圆，直到表面光滑紧绷。将面团开口处朝下放入搅拌盆内，包上保鲜膜置于温暖处，进行 60~90 分钟的一次发酵。
＊温暖处可以是炉火附近，或是利用烤箱的发酵功能，以 30~40℃发酵 30~50 分钟。

3〈排出空气 & 静置〉等面团膨胀至原来的 2 倍大，用拳头轻压面团 3 下，用刮板（或刀）均分为 8 等份，分别将开口朝下摆放在料理板上，并盖上湿毛巾，让面团静置 10~15 分钟。

4〈成型〉将开口处朝上，用手掌轻压排出空气，用手将面团整平、整圆，使中间厚、边缘薄。将红豆馅放在面团正中央，从四周把红豆馅完全包起来【照片 a】，并将开口处朝下放入模型里，其余的面团也以同样方式分别放入模型。

5〈二次发酵〉将模型置于烤盘上，盖上保鲜膜和湿毛巾后置于温暖处，进行 60~90 分钟的二次发酵。
＊若是利用烤箱的发酵功能，以 30～40℃发酵 20～40 分钟。

6〈烘烤〉面团膨胀至模型的 80%～90% 大小后，撒上黑芝麻，盖上盖子，放入预热 200℃的烤箱烤 20～25 分钟。烤好后从模型中取出，置于冷却架上冷却。

a

双色面包

外观看起来非常可爱，可可风味也令人心情愉悦。
要烤出漂亮的双色面包，秘诀就在确实将面团放置于正确的位置。

材料　分量为 8 个 6cm 的方形模型

高筋面粉 …………… 250g
上白糖 …………… 20g
含糖炼乳 …………… 50g
盐 …………… 3g
干酵母 …………… 3g
鲜奶 …………… 180mL
黄油 …………… 20g
可可粉 …………… 10g
水 …………… 1 大匙
巧克力片 …………… 20g

预先准备

□ 可可粉溶解于水备用。
□ 准备温鲜奶。
　＊夏天为 5~10℃，其他季节为 30~40℃。
□ 黄油置于室温环境中。
□ 将模型内及盖子都涂上起酥油（上述材料之外的分量）。

做法

1 〈揉面〉将高筋面粉、上白糖、含糖炼乳、盐、干酵母放入搅拌盆内（不能让酵母碰到任何水分），淋上鲜奶后搅拌。

2 搅拌成团后移至料理板上搓揉，揉成团不粘黏后加入黄油，继续揉至面团表面光滑为止。将面团均分为两块，一块整圆（普通面团）、一块加入已用水溶化的可可粉揉匀，再接着放入巧克力片混合搓揉、整圆（可可面团）。

3 〈一次发酵〉将两块面团开口处朝下，分别放入各自的搅拌盆内，包上保鲜膜后置于温暖处，进行 60~90 分钟的一次发酵，等面团膨胀至原来的 2 倍大。
＊温暖处可以是炉火附近，或是利用烤箱的发酵功能，以 30~40℃发酵 30~50 分钟。

4 〈排出空气 & 静置〉用拳头轻压面团 3 下，用刮板（或刀）各自均分为 8 等份，接着将一个个面团开口朝下摆放在料理板上，并盖上湿毛巾，让面团静置 10~15 分钟。

5 〈成型〉将可可面团开口处朝上，用手掌轻压排出空气，整圆面团，接着，将面团开口朝下压入模型角落【照片 a】，其余的面团也以同样方式分别放入模型。

6 〈二次发酵〉将模型置于烤盘上，盖上保鲜膜和湿毛巾后置于温暖处，进行 60~90 分钟的二次发酵。
＊若是利用烤箱的发酵功能，以 30~40℃发酵 20~40 分钟。

7 〈烘烤〉待面团膨胀至模型的 80%~90% 大小后，盖上盖子，放入预热 200℃的烤箱烤 20 分钟。烤好后从模型中取出，置于冷却架上冷却。

a

热狗面包

热狗堡变成立方体造型。
无论是蔬菜、芝士或汉堡排等，
挑喜欢的食材制作三明治吧。

材料　分量为 8 个 6cm 的方形模型

高筋面粉 …………… 250g
上白糖 …………… 20g
盐 …………… 4g
干酵母 …………… 3g
温水 …………… 170mL
黄油 …………… 20g

预先准备

☐ 准备温水。
　*夏天为 5~10℃，其他季节为 30~40℃。
☐ 将模型内及盖子都涂上起酥油（上述材料之外的分量）。

做法

1 〈揉面〉将高筋面粉、上白糖、盐、干酵母放入搅拌盆内，淋上温水后搅拌。搅拌成团后移至料理板上搓揉，揉成团不粘黏后加入黄油，继续揉至面团表面光滑为止。

2 〈一次发酵〉将面团整圆，直到表面光滑紧绷。将面团开口处朝下放入搅拌盆内，包上保鲜膜后置于温暖处，进行 60~90 分钟的一次发酵。
　*温暖处可以是炉火附近，或是利用烤箱的发酵功能，以 30~40℃发酵 30~50 分钟。

3 〈排出空气 & 静置〉等面团膨胀至原来的 2 倍大，用拳头轻压面团 3 下，用刮板（或刀）各自均分为 8 等份，将面团开口朝下摆放在料理板上，并盖上湿毛巾，让面团静置 10~15 分钟。

4 〈成型 & 二次发酵〉将开口处朝上，用手掌轻压排出空气，整圆面团。接着，将面团开口朝下放入模型里，其余的面团也以同样方式分别放入模型。将模型置于烤盘上，盖上保鲜膜和湿毛巾后置于温暖处，进行 60~90 分钟的二次发酵。
　*若是利用烤箱的发酵功能，以 30~40℃发酵 20~30 分钟。

5 〈烘烤〉待面团膨胀至模型的 80%~90% 大小后，盖上盖子，放入预热 200℃的烤箱烤 20~25 分钟。烤好后从模型中取出，置于冷却架上冷却。

制作三明治

三明治绝对少不了生菜，再来 1 颗小番茄，去蒂，横切 3 片。面包也横切一半，夹入生菜、番茄、烤牛肉，再淋上 1 小匙颗粒芥末酱和 1/2 小匙酱油做成的酱汁就完成了。

图书在版编目（CIP）数据

方形烘焙：立方体甜点与面包/（日）荻田尚子著；邢俊杰译. —沈阳：辽宁科学技术出版社，2017.7
ISBN 978-7-5591-0271-3

Ⅰ.①方…　Ⅱ.①荻…　②邢…　Ⅲ.①烘焙—糕点加工　Ⅳ.①TS213.2

中国版本图书馆CIP数据核字（2017）第122384号

出版发行：辽宁科学技术出版社
（地址：沈阳市和平区十一纬路25号　邮编：110003）
印 刷 者：辽宁北方彩色期刊印务有限公司
经 销 者：各地新华书店
幅面尺寸：190 mm × 190 mm
印　　张：3 1/3
字　　数：150 千字

出版时间：2017 年 7 月第 1 版
印刷时间：2017 年 7 月第 1 次印刷
责任编辑：曹　阳
封面设计：顾　娜
版式设计：顾　娜
责任校对：李　霞

书　　号：ISBN 978-7-5591-0271-3
定　　价：29.80 元

投稿热线：024-23284372
邮购热线：024-23284502
E-mail：lnkj_cc@163.com
http：//www.lnkj.com.cn